AI

DeepSeek 应用能手

7天从入门到精通

高军　杜敏◎著

SPM 南方传媒 | 广东科技出版社
全国优秀出版社
·广州·

图书在版编目（CIP）数据

DeepSeek 应用能手: 7 天从入门到精通 / 高军, 杜敏著. -- 广州 : 广东科技出版社, 2025. 3. -- ISBN 978-7-5359-8481-4

Ⅰ. TP18

中国国家版本馆 CIP 数据核字第 202556CY19 号

DeepSeek应用能手：7天从入门到精通

DeepSeek Yingyong Nengshou: 7 Tian Cong Rumen Dao Jingtong

出 版 人：严奉强
项目策划：严奉强　王　蕾
项目统筹：李　杨　区燕宜
责任编辑：李　杨　彭逸伦
封面设计：二间设计
装帧设计：友间文化
责任校对：邵凌霞　曾乐慧　卢晓敏　廖婷婷　李云柯　韦　玮　杨　乐
责任印制：彭海波
出版发行：广东科技出版社
（广州市环市东路水荫路11号　邮政编码：510075）
销售热线：020-37607413
https://www.gdstp.com.cn
E-mail：gdkjbw@nfcb.com.cn
经　　销：广东新华发行集团股份有限公司
印　　刷：广州市岭美文化科技有限公司
（广州市荔湾区花地大道南海南工商贸易区A幢　邮政编码：510385）
规　　格：787 mm × 1092 mm　1/16　印张12　字数240千
版　　次：2025年3月第1版
2025年3月第1次印刷
定　　价：49.00元

自序

在这个科技飞速变革的时代，我作为一名在海外游学的中国学子，亲历了全球科技浪潮的席卷与颠覆之势，也深切感受到祖国在人工智能（artificial intelligence，AI）领域自立自强、奋力追赶的澎湃动力。回望过去，从初去异国求学，到置身于硅谷、欧洲的高科技前沿，再到不断探索国内智能应用的实际场景，我始终被科技的强大魅力和科研人员的创新精神感染着。正是在这段宝贵经历中，我萌生了一个念头——将海外先进理念与国内实践优势有机融合，帮助更多人了解和掌握人工智能的核心技术，从而更好地迎接数字化时代的挑战与机遇。

这本《DeepSeek应用能手：7天从入门到精通》正是在这样的背景下孕育而成的。本书以国产新锐人工智能大模型DeepSeek为切入点，从基础操作、提示词工程到行业级应用，系统总结了近200个实际示例和140余个优化策略，力求将复杂的技术原理转化为人人可懂、人人可用的实用指南。在编写过程中，我不仅反复验证每一个细节，还深入调研了国内外先进应用案例，既借鉴了硅谷等海外成熟模式的精髓，又融入了我国“高水平科技自立自强”战略下的特色实践。每一次与业内专家、技术团队的交流讨论，都让我对智能化、数字化转型有了更为深刻的认识。

本书的成书历程可谓是一段再学习与再突破的旅程。它不仅记录了我在海外求学期间对全球前沿科技的观察，也汇聚了我回国后对本土智能应用的实践总结。书中既有对理论的严谨讲解，也有对实际操作的直观演示，旨在为科研人员、技术专家及普通用户提供一部兼具实用性与前瞻性的操作指南。这本书不仅是对我个人成长的一次总结，更是一份献给时代、献给广大科技爱好者的礼物。我坚信，在全球数字化浪潮不断推进的今天，每一位热爱科技的读者都能从中汲取灵感，快速提升技能，进而在智能革命的浪潮中找到自己的位置，共同推动社会进步与产业升级。

愿这本书成为读者探索人工智能路上的一盏灯，指引方向，照亮前程，为我们共同迎接一个更加智慧、更加美好的未来增添动力。

2025年2月

前　言

新时代的科技革命正以前所未有的速度席卷全球，人工智能作为驱动这一浪潮的核心引擎，正在悄然改变着我们的生产模式和生活方式。在国家“高水平科技自立自强”的战略推动下，中国在人工智能领域取得了显著进展，从基础算法到各类应用场景的深度落地，都展现出强劲的创新活力。与此同时，海外开放合作与风险投资驱动的模式也在不断刷新人们对科技边界的认知。正是这种中西互补、优势互彰的局面，为本书的问世提供了丰富的理论支撑和实践素材。

本书以国产新锐人工智能大模型DeepSeek为核心，全面解析了其架构原理、工作机制及实际应用。从最基础的账号注册和界面操作，到提示词工程的精妙构建，再到智能办公、家庭教育、日常生活、自媒体创作、金融决策、跨平台集成等多领域应用，书中不仅详述了技术实现的每一个环节，还通过近200个示例和大量优化策略，展示了如何将理论转化为切实可行的操作方案。本书既适合初学者快速入门，也为专业人士提供了深度指导。

在本书的成稿过程中，我们力求呈现一个既有国际视野又根植本土实践的全新智能应用体系，不仅能让读者了解全球人工智能的发展趋势，更能让读者从中汲取实战经验，迅速提升应用能力，为自身和企业在数字化转型中抢占先机提供有力支撑。

总的来说，本书不仅是一部详尽的技术手册，更是一部记录时代变革、见证科技进步的实践指南。它能帮助读者全面了解DeepSeek的内在逻辑和应用技巧，同时也为应对未来智能化、数字化发展的多重挑战提供了有益启示。希望广大读者在阅读过程中，既能学到实用技能，又能从中洞悉全球科技竞争的新趋势，共同推动我国在智能革命中实现更高水平的创新与发展。

目　录

Contents

第一章　DeepSeek核心架构、工作原理及应用

第二章　DeepSeek入门与基础操作

第三章 掌握提示词工程——构建高效交互的10种策略

第四章 DeepSeek在职场办公与商业决策中的应用

第五章 DeepSeek在家庭教育中的应用

第七章 DeepSeek在自媒体内容创新与智能写作上的应用

第八章 DeepSeek在金融与投资决策中的应用

第九章 DeepSeek高级玩法与跨平台应用

第十章 未来展望与持续创新

附录A　应用于多场景的100个AI写作指令与优化提醒集锦

附录B　30个行业AI应用实例详解

第一章

DeepSeek核心架构、工作原理及应用

DeepSeek是中国领先的人工智能大模型之一，专为中文语境下的自然语言处理、文本生成、智能问答和代码生成等任务而设计。本章将详细介绍DeepSeek的核心架构、工作原理及其各模块在实际任务中的应用。通过清晰的结构、规范的语言和丰富的实例，帮助读者全面掌握DeepSeek的底层逻辑，为后续应用和技巧优化打下坚实基础。

1.1 DeepSeek核心架构与工作原理

DeepSeek的架构基于当前主流的Transformer模型，融合了海量数据预训练和多任务学习的优势。其整体架构可分为以下几个关键模块。

1.1.1 数据输入与预处理模块（示例：会议纪要数据处理）

DeepSeek能接收来自用户的多种输入形式，如文本、语音或图像。数据输入模块负责将这些原始数据转换为标准化格式。对于文本输入，模块会自动清洗数据，去除噪声和特殊字符；对于语音输入，则利用先进的语音识别技术将语音转换为文本；对于图像输入，则通过图像识别算法提取关键信息。例如，当用户输入一段会议纪要文本时，系统会自动识别并提取关键段落，去除多余符号，确保后续处理时数据干净、格式统一。

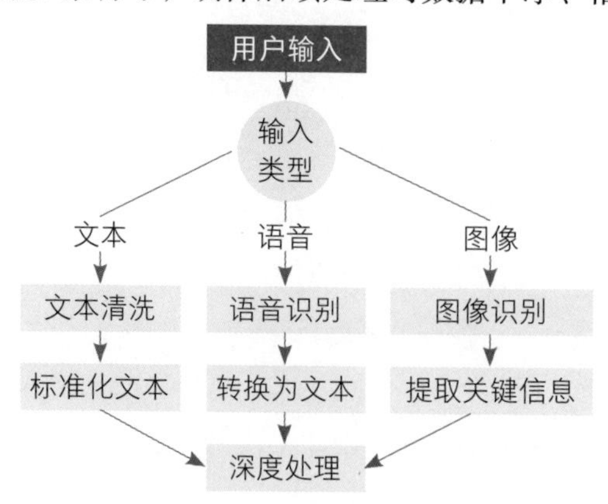

1.1.2 自然语言理解与语义解析模块（示例：指令解析）

自然语言理解与语义解析模块是DeepSeek的“大脑”之一，利用先进的自然语言处理（NLP）技术对输入文本进行语义解析，理解用户意图。它基于预训练模型，能够识别文本中的关键词、短语和句子结构，从而抽取出核心信息。例如：当用户输入指令“生成一份关于‘公司新项目启动’的详细报告”时，系统会解析出“新项目启动”“详细报告”等关键要素，并识别出这份报告需要涵盖背景、目标、预期成果等内容，为后续文本生成提供依据。

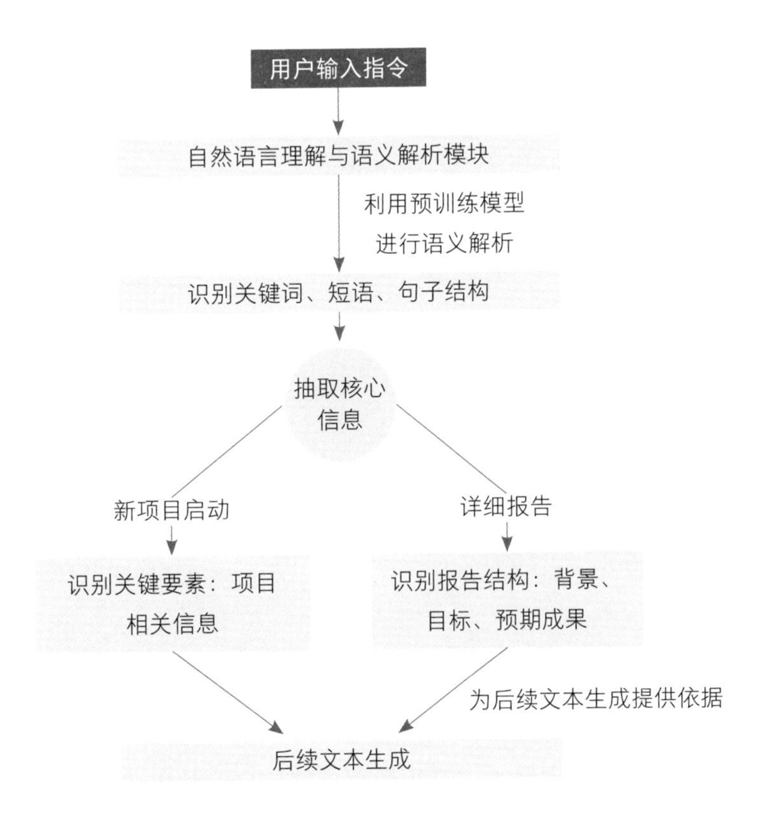

1.1.3 文本生成与内容输出模块（示例：代码自动生成）

利用Transformer架构和大规模预训练技术，DeepSeek能根据解析结果生成高质量的文本。该模块支持多任务生成，包括长文本报告、简短回答、代码等，且输出内容能保持逻辑连贯、语言规范。例如：在生成代码片段时，用户可输入“请用Python编写计算列表平均值的代码”，系统将自动输出包含详细注释的代码；在生成工作报告时，用户输入相关指令，系统则生成格式完整、有数据支持的报告草稿。（本书的所有生成式内容图表，均须以HTML格式输出，用户在使用过程中需知晓。）

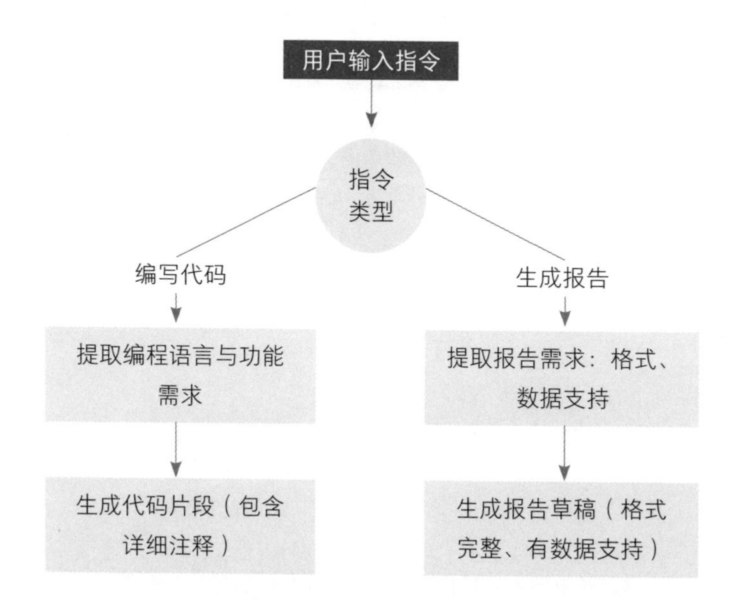

1.1.4 反馈与迭代优化模块（示例：用户调整内容优化）

为确保输出质量和精度，DeepSeek设有反馈机制。用户可以对初步生成的文本进行评价和修正，系统根据反馈信息调整生成策略，进行多轮迭代优化，直至达到用户预期。例如：当生成的报告初稿中某部分描述不够详细时，用户可以追加指令“请在‘存在问题’部分增加数据支持和具体案例”，系统便会重新生成相应内容，直至用户满意。

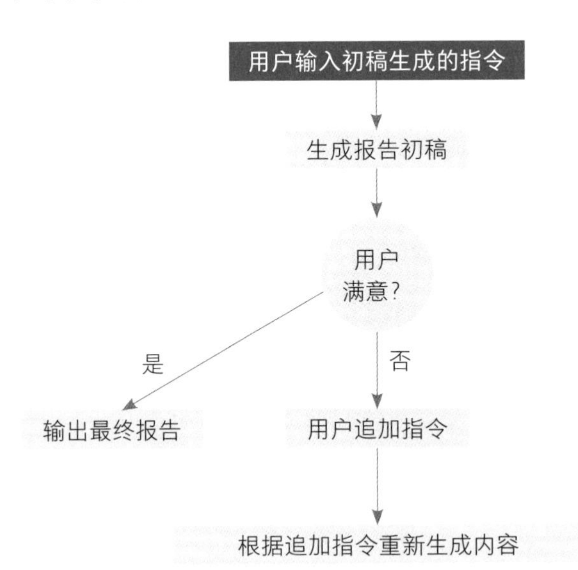

1.2　DeepSeek实际应用场景

DeepSeek的核心架构使其在以下常见任务中展现出显著优势。

1.2.1　文本生成（示例：公文写作、学术摘要）

应用示例：撰写工作报告、学术论文摘要等。

操作步骤：用户输入详细指令 → 系统解析并生成初稿 → 用户反馈修改 → 输出高质量文本。

1.2.2　智能问答（示例：技术支持与业务咨询）

应用示例：回答业务咨询、技术问题等。

操作步骤：用户提出具体问题 → 系统进行语义解析 → 生成简洁明了

的答案→用户可进一步追问，以获得更多细节。

1.2.3 代码生成（示例：Python代码自动生成）

应用示例：辅助编程、生成调试代码。

操作步骤：用户输入指令“请生成计算平均值的Python代码”→系统输出包含注释的代码片段→用户调试修改后直接应用。

第二章

DeepSeek入门与基础操作

本章旨在引导读者从零开始掌握DeepSeek的基本操作方法。通过详细的注册流程、界面导航、文本生成及互动反馈的介绍，读者将能够迅速熟悉这一领先的中文大模型工具，为后续深入应用奠定坚实基础。

2.1 注册与账号管理

2.1.1 账号注册流程

使用DeepSeek，需要在官方网站或手机App上注册账号。注册过程中，用户需要提供常用邮箱或手机号码，并设置安全密码。系统会自动发送验证码进行身份验证。

（1）访问DeepSeek官方网站（www.deepseek.com）或下载DeepSeek手机App。

（2）首次使用，需要输入您的邮箱地址或手机号码进行注册。

（3）在指定方框输入手机号或邮箱地址，收到验证码后，将验证码填入相应输入框，完成身份验证。

（4）注册成功后，根据系统提示登录账号，并进行基本设置。

2.1.2　账号管理与安全设置（示例：双重认证启用）

注册成功后，用户应定期检查和更新个人信息，确保账号安全。DeepSeek提供了多种安全设置，如双重验证、密码强度检测等。

操作提示：

- 定期更改密码，并启用双重认证。
- 在账号管理界面完善个人信息，选择适合的主题设置和使用偏好。

2.2 基本界面与功能

DeepSeek的主界面设计简洁直观，主要分为以下几个区域：

- 文本输入区域：位于界面下方，用于输入指令和问题。
- 输出显示区域：位于界面中央，展示系统生成的文本或相关内容。
- 导航菜单：位于界面左侧，提供历史记录、个人信息等功能入口。

功能介绍：

当用户打开DeepSeek后，首先看到的是一个清晰的输入框和大面积的输出区域。例如，用户在输入框中输入“请给我推荐几本适合中国初中三年级学生阅读的英文读物”，系统会在输出区域生成详细的回答，同时在侧边栏显示相关设置和历史对话记录。

2.3 基本文本生成与互动体验

2.3.1 文本生成基本操作（示例：自动生成企业报告）

DeepSeek的核心优势在于其强大的文本生成能力。用户只需在输入框中详细描述需求，系统便能快速生成符合要求的文本。

示例操作：

输入“请生成一段关于企业数字化转型重要性的介绍，要求逻辑清晰，数据支持充分，表述规范”。

系统输出一段介绍文本，包含对数字化转型背景、现状及未来趋势的论述。用户可根据输出内容进一步调整细节，如追加指令“请在结尾部分增加对未来战略的展望”。

2.3.2 互动反馈与多轮迭代（示例：优化报告内容）

在实际使用中，初稿可能未能完全满足要求。用户可以就生成内容提出具体修改意见，DeepSeek会根据反馈进行多轮迭代优化。

示例操作：

在生成一份报告的初稿后，用户发现“存在问题”部分不够详尽，可输入：“请在第三段增加具体数据支持，并详细描述主要问题。”

系统随后重新生成修改后的文本，与用户互动，多轮反馈以迭代优化，直至达到满意效果。

第三章

掌握提示词工程——构建高效交互的10种策略

在使用DeepSeek进行智能创作和文稿生成时，提示词（prompt words）起着决定性作用。优质的提示词不仅能提高AI输出的精准性，还能大幅提升交互效率。本章详细介绍了提示词工程的基础理论、常见问题及其优化方法，并通过10种常用提示词模板的实际应用示例，帮助读者构建高效的交互指令知识体系。

3.1 提示词基础理论

3.1.1 提示词的定义与作用（示例：提升任务精准度）

提示词是用户向AI下达的指令，用以引导它理解任务需求并生成预期输出。其主要作用包括：

» 明确需求

通过具体描述任务细节，使AI准确把握写作目标。示例：输入“请生成一份关于公司数字化转型的简要报告”，AI会聚焦数字化转型的背景、现状和未来展望，并生成报告。

» 提高效率

详细提示能减少冗余信息，快速生成符合预期的文本。

» 降低错误率

明确约束和关键词可以减少AI的输出偏差，提高答案准确性。

3.1.2 常见误区与优化建议（示例：避免提示词含糊）

在使用提示词的过程中，常见问题包括：

» 提示词过于笼统

优化建议：明确列出需求要点，例如“请生成一份包含背景、目标和数据支持的报告”。

» 信息不全

优化建议：提供充分的背景信息和上下文，如明确指出报告需要包含哪些章节和数据。

» 格式要求模糊

优化建议：在指令中具体说明格式要求，如分段或列表。

» 缺乏反馈与迭代

优化建议：生成初稿后及时提供反馈，如“请在第三部分增加详细数据”，以便优化生成内容。

3.2　10类提示词模板与实际应用

针对不同任务场景，DeepSeek支持多种提示词模板。

3.2.1　任务描述型（示例：生成报告）

用途：撰写报告、文案等长文本。

指令示例：

> “请生成一份《2024年度电子产品企业发展报告》草稿，要求分为‘背景介绍’‘主要成果’‘存在问题’和‘未来规划’，行文风格需正式且数据翔实。”

3.2.2　格式要求型（示例：生成表格数据）

用途：输出结构化内容，如表格、清单。

指令示例：

“请生成一份关于国产新能源汽车市场调研数据的表格，要求包括‘产品名称’‘销量’‘同比增长率’三列，格式清晰。”

3.2.3 逻辑推理型（示例：分析市场数据）

用途：数据分析和因果关系讨论。

指令示例：

“请分析‘新产品销售下降’的原因，要求列出可能的因素、影响程度和改进建议，逻辑严谨。”

3.2.4 创意生成型（示例：生成短视频文案）

用途：撰写广告文案、创意标题等。

指令示例：

“请生成5个关于‘环保科技’的创意广告语，每个广告语不超过10个字，要求富有创意且易于传播。”

3.2.5 数据分析型（示例：生成市场趋势分析报告）

用途：撰写调研报告和趋势分析报告。

指令示例：

“请生成一份关于‘2024年上半年汽车市场趋势’的分析报告草稿，要求包含数据表格和主要指标解释。”

3.2.6 代码生成型（示例：生成Python数据分析代码）

用途：辅助编程，生成代码片段。

指令示例：

“请用Python编写一段代码，实现计算列表中所有数值的平均值，并添加详细注释。”

3.2.7　多轮交互型（示例：迭代优化投资报告）

用途：需要分步构建复杂内容的任务。

指令示例：

“第一步，请生成关于‘企业数字化转型’的报告大纲；第二步，请根据大纲详细撰写背景部分；第三步，请补充实际案例。”

3.2.8　模板填空型（示例：补全公文模板）

用途：补全公文模板或报告结构。

指令示例：

请根据以下模板生成一篇新闻稿：‘【标题】：……【正文】：……【结尾】：……’并确保语句连贯。”

3.2.9　情感语气定制型（示例：撰写发言稿）

用途：撰写发言稿、学习心得等需要特定情感色彩的文本。

指令示例：

“请生成一篇关于‘企业文化建设’的发言稿草稿，要求语气坚定、充满激情，每段不少于150字。”

3.2.10　翻译与语言转换型（示例：翻译科技文档）

用途：文本翻译或多语种内容转换。

指令示例：

“请将以下中文段落翻译成标准美式英文段落，要求保留专业术语和正式语气。”

3.3 提示词进阶优化技巧

为确保AI输出满足预期要求，以下优化技巧不可或缺。

» 分步指令

将复杂任务拆解为多个具体步骤，例如先生成大纲，再逐步补充细节。

» 输出风格指定

在指令中明确要求输出格式，如“采用分点列举”或“使用正式语气”。

» 输出长度控制

指定段落长度或总字数，避免生成内容冗长或过短。

» 及时反馈迭代

生成初稿后，提供详细反馈（如“请在第三部分增加具体数据”），让AI根据反馈不断优化生成结果。

第四章

DeepSeek在职场办公与商业决策中的应用

DeepSeek作为中国领先的人工智能大模型，凭借其强大的文本生成、智能问答和数据分析能力，已在撰写邮件、会议纪要、工作报告、市场调研报告等多种应用场景中展现出卓越优势。本章介绍了如何利用DeepSeek辅助撰写和优化各类公文，提供了具体操作步骤和直观指令示例，帮助读者在日常办公与商业决策中充分运用AI，为工作提效。

4.1 智能生成商务邮件与函件

» 功能概述

DeepSeek能够根据用户提供的关键信息，自动生成格式规范、语言正式的商务邮件和函件，大幅提升撰写速度。

» 实际案例

某企业需要发送一封确认合作意向的商务邮件，要求涵盖双方基本信息、合作内容和后续计划。

» 操作步骤

• 用户在DeepSeek输入框中输入指令：“请生成一封关于‘合作意向确认’的商务邮件草稿，要求包括公司基本信息、合作项目简介、合作条款和下一步计划，语言正式且简洁明了。”

我可以帮你写代码、读文件、写作各种创意内容，请把你的任务交给我吧~

请生成一封关于“合作意向确认”的商务邮件草稿，要求包括公司基本信息、合作项目简介、合作条款和下一步计划，语言正式且简洁明了

深度思考 (R1)　联网搜索

• 系统根据指令输出邮件草稿。

请生成一封关于"合作意向确认"的商务邮件草稿，要求包括公司基本信息、合作项目简介、合作条款和下一步计划，语言正式且简洁明了

主题：合作意向确认函

尊敬的[对方公司名称]：

您好！

首先，感谢贵公司对我司的信任与支持。经过前期的沟通与探讨，我们对双方的合作充满期待。为确保合作顺利推进，现将合作意向及相关事项确认如下：

一、公司基本信息

我司[公司名称]成立于[成立年份]，专注于[行业领域]，致力于[公司核心业务或产品]。我们拥有[公司优势，如技术、资源、团队等]，并在[相关领域]取得了显著成果。

二、合作项目简介

本次合作项目为[项目名称]，旨在[项目目标或愿景]。通过整合双方资源与优势，我们期望实现[具体合作成果，如市场拓展、技术升级、品牌提升等]。

三、合作条款

1. **合作范围**：双方将在[具体领域或业务]展开合作，具体内容包括[列出主要合作内容]。
2. **责任分工**：贵方负责[对方职责]，我司负责[我方职责]。
3. **合作期限**：本次合作期限为[具体时间]，自[开始日期]至[结束日期]。
4. **保密条款**：双方应对合作过程中涉及的商业信息严格保密，未经对方书面同意不得向第三方披露。

• 用户检查后可追加指令细化具体条款，如"请在邮件中增加关于合作期限和付款方式的具体描述。"

请在邮件中增加关于合作期限和付款方式的具体描述。

深度思考 (R1)　联网搜索 

• 确认邮件符合基本要求后，用户将生成的邮件复制到办公软件中进行微调和发送。

请在邮件中增加关于合作期限和付款方式的具体描述。

主题：合作意向确认函

尊敬的[对方公司名称]：

您好！

首先，感谢贵公司对我司的信任与支持。经过前期的沟通与探讨，我们对双方的合作充满期待。为确保合作顺利推进，现将合作意向及相关事项确认如下：

一、公司基本信息

我司[公司名称]成立于[成立年份]，专注于[行业领域]，致力于[公司核心业务或产品]。我们拥有[公司优势，如技术、资源、团队等]，并在[相关领域]取得了显著成果。

二、合作项目简介

本次合作项目为[项目名称]，旨在[项目目标或愿景]。通过整合双方资源与优势，我们期望实现[具体合作成果，如市场拓展、技术升级、品牌提升等]。

三、合作条款

1. **合作范围**：双方将在[具体领域或业务]展开合作，具体内容包括[列出主要合作内容]。
2. **责任分工**：贵方负责[对方职责]，我司负责[我方职责]。
3. **合作期限**：本次合作期限为[具体时间]，自[开始日期]至[结束日期]。合作期满后，双方可根据项目进展及实际需求协商续约事宜。
4. **付款方式**：
    - 付款金额：总金额为[总金额]，分[分期次数]期支付。
    - 付款节点：首期款[金额]于[时间节点]支付，后续款项根据[项目里程碑/时间节点]支付。
    - 付款方式：通过[银行转账/电汇等]方式支付至[收款账户信息]。
5. **保密条款**：双方应对合作过程中涉及的商业信息严格保密，未经对方书面同意不得向第三方披露。

四、下一步计划

1. 双方将于[具体日期]前签署正式合作协议。
2. 我司将安排[具体负责人]与贵方对接，进一步细化合作细节。
3. 预计于[时间节点]启动项目执行，并定期召开会议跟踪进展。

如贵方对上述内容无异议，请于[回复截止日期]前确认回复。我们期待与贵公司携手共进，共创佳绩！

4.2 智能生成会议纪要与工作汇报

4.2.1 会议纪要

» 功能概述

利用DeepSeek自动整理会议讨论内容，提炼关键决策和行动计划信息，生成结构清晰的会议纪要。

» 实际案例

在公司季度业绩评估会议中，需要快速生成会议纪要以便归档和传达。

» 操作步骤

- 将会议录音或文字记录整理后输入DeepSeek："请根据以下会议记录生成一份会议纪要，要求分为'主要讨论点''决策结果'和'下一步行动'三个部分，语言正式，重点突出。"
- 系统输出纪要初稿后，用户反馈："请在'下一步行动'部分增加具体的责任分工和时间节点。"
- 完成多轮反馈后，生成会议纪要，供内部共享和归档使用。

4.2.2 工作报告与项目汇报

» 功能概述

DeepSeek能高效生成工作报告和项目汇报，帮助用户系统性总结工作成果、存在问题及改进建议。

» 实际案例

市场部需提交一份2024年第三季度工作报告，内容包括工作成果、关键数据和下一阶段计划。

» 操作步骤

• 输入初始指令："请生成一份《市场部2024年第三季度工作报告》草稿，要求包括工作成果、绩效数据、存在问题和改进建议，采用分点列举方式，语言客观，逻辑清晰。"

• 系统生成报告初稿后，用户可反馈："请在工作成果部分增加具体的销售数据表格，并在存在问题部分详细列出遇到的市场挑战。"

• 多轮反馈优化后，定稿并保存为最终报告。

4.3 智能生成市场调研与分析报告

4.3.1 市场调研报告

» 功能概述

借助DeepSeek，用户可自动生成市场调研报告，从数据采集、分析到图表展示均能一键实现，助力战略决策。

» 实际案例

一家公司需要了解2024年上半年汽车市场趋势，要求报告中包含市场现状、竞争格局和未来预测。

» 操作步骤

• 输入指令："请生成一份《2024年上半年汽车市场调研报告》草稿，要求分为市场现状、竞争分析、主要问题及未来趋势预测，语言客观，数据翔实，并嵌入相关表格说明。"

• 系统输出后，用户检查数据部分是否充分，如有不足，追加："请在竞争分析部分增加主要竞争对手的市场份额和增长率数据。"

• 调整后导出最终报告，为企业决策提供数据支持。

4.3.2　商业投资分析报告

» 功能概述

DeepSeek可辅助生成商业投资分析报告，通过PEST、SWOT等模型分析市场机会与风险，为投资决策提供依据。

» 实际案例

投资部门需要撰写一份针对新兴行业的投资分析报告，要求详述市场机遇、潜在风险及投资建议。

» 操作步骤

- 输入指令："请生成一份《新兴行业投资分析报告》草稿，要求包括市场机遇、潜在风险、SWOT分析及投资建议，数据翔实，逻辑严谨。"
- 系统生成初稿后，用户可反馈："请在SWOT分析中具体列出优势、劣势、机会和威胁，并用表格形式展示数据。"
- 完成多轮反馈后，保存并导出报告。

4.4　智能撰写简历、发言稿和工作总结

4.4.1　简历与求职信

» 功能概述

DeepSeek可根据用户提供的个人信息和职业背景，自动生成专业的简历和求职信模板，帮助求职者提升形象。

» 实际案例

毕业生小王需要撰写一份简历，要求包含简历应有的各项信息。

» 操作步骤

• 输入指令："请生成一份简历草稿，要求包括个人基本信息、工作经历、项目经验和技能特长，语言简洁，重点突出。"

• 根据生成结果，用户可追加指令："请优化项目经验部分，突出具体贡献和业绩数据。"

• 同时输入写求职信的指令："请生成一份求职信草稿，要求简明扼要地介绍自己的优势和应聘动机。"

• 整合后保存为标准文档。

4.4.2 发言稿与总结报告

» 功能概述

发言稿和总结报告要求语言流畅、逻辑清晰，适用于公开发言和内部交流。

» 实际案例

某部门需要撰写关于企业文化建设的发言稿，并附上部门工作总结。

» 操作步骤

• 输入发言稿指令："请生成一篇关于'企业文化建设'的发言稿草稿，要求涵盖核心理念、实际案例和未来展望，每部分不少于150字。"

• 输入总结报告指令："请生成一份《部门工作通用总结报告》草稿，要求概括主要成果、存在问题及改进建议，采用分点列举的方式，语言规范。"

• 多轮反馈调整后，分别生成正式文稿。

第五章

DeepSeek在家庭教育中的应用

本章从家长的“痛点”出发，介绍了如何借助DeepSeek帮助孩子实现自主学习能力、思辨能力、自驱力、研究能力、阅读量扩展、课业理解能力以及情感与心理健康状况等多方面的提升。通过合理设计提示词、明确需求目标并进行多轮反馈，家长可以在家中打造一个更高效、更具趣味性、更人性化的学习与成长环境。本章为读者打开思路：DeepSeek不仅能做简单的答疑解惑，更能在孩子的学习、思维、心理等方面发挥积极作用。只要合理运用，并结合家庭教育理念，孩子的潜能必能得到更好的激发与发展。

5.1 用DeepSeek培养孩子的自主学习能力

» 功能概述

孩子的自主学习能力是大多数家长最关心的问题之一。家长可以通过DeepSeek帮助孩子制订学习计划、分解任务，并实时提供答疑与反馈，逐步引导孩子从被动学习转变为主动探索。

» 操作步骤

（1）个性化学习计划生成

• 将孩子的学情（学习科目、薄弱环节、可支配时间等）输入DeepSeek。

提示词示例：

> “请根据以下信息生成一份孩子的个性化学习计划：年级、学科弱项、每天可用学习时间……”

• 生成后，家长可查看并提出补充或修改要求，如增加周末的总结复习、添加休息间隔等。

（2）学习任务拆解与跟踪

• 将复杂的学习目标（如1周要完成3章课本内容）拆解成具体、可执行的每日任务。

提示词示例：

> “请将本周的学习目标分解到每天，确保每天任务量合理，并留出复习和预习的时间。”

• 在每次任务完成后，让DeepSeek根据孩子反馈进行调整，比如缩短单次学习时长、增加兴趣项目等。

（3）互动式自检与复盘

• 学习结束后，可让孩子将遇到的问题或心得输入DeepSeek。

提示词示例：

> “请根据以下学习记录，生成一份复盘报告，指出主要收获、难点和下一步改进建议。”

• 通过多轮反馈，让孩子明白当前进展与改进方向，逐步形成自主反思的习惯。

» 示例：小明的周学习计划

（1）初次生成

• 家长输入：“请帮我给上初一的小明制订一份数学、英语的周学习计划，他每天放学后有2小时可用，周末每天有4小时可用。”

• DeepSeek输出了一个包含每天学习任务、重点知识点和复习安排的表格。

（2）反馈与微调

• 家长查看后反馈：“请将周六下午的数学复习改到周日上午，并在周五晚上增加30分钟单词听写。”

• DeepSeek根据要求自动更新计划并再次输出。

优化短语推荐

“学习计划分解”“任务量合理分配”“阶段性目标”“每日反馈”“动态调整”“阶段总结”“预习、复习结合”“兴趣引导”“合理休息”“自主反思”……

5.2 用DeepSeek提升孩子的思辨能力

» 功能概述

思辨能力包含批判性思维、逻辑推理、多角度分析等核心要素。通过和DeepSeek的对话与多轮反馈机制，家长可以引导孩子对同一问题展开多维度讨论，锻炼其思辨能力。

» 操作步骤

（1）多角度提问

• 家长可让孩子针对某个时事或主题输入问题，鼓励孩子先给出自己的观点，再让DeepSeek提供正反论据。

提示词示例：

“请从正面和反面两个角度，分析‘网络游戏对青少年成长的影响’，并提供相应论据。”

（2）引导孩子进行反向提问

• 让孩子对DeepSeek给出的答案进行质疑或进一步提问，培养批判性思维。

提示词示例：

“如果有人说‘网络游戏能促进社交和团队协作’，请列出可能的反驳观点。”

（3）结构化总结

• 最后，可让DcepSeek将讨论结果整理成一份结构化的思维导图或要点清单，帮助孩子梳理逻辑。

提示词示例：

“请把上述讨论整理成思维导图，并突出主要分支和结论。”

» 示例：探讨“网络游戏对青少年的影响”

（1）初次讨论

• 孩子先输入个人观点：“我觉得游戏既有害处也有好处。”

• DeepSeek输出了从正面（放松、社交、团队协作）和负面（沉迷、时间浪费、影响学习）的论据。

（2）反向提问与质疑

• 孩子针对“放松”这一点去质疑：“为什么一定要靠游戏来放松？”

• DeepSeek提供更多替代放松方式及论据，让孩子思考对比。

（3）总结思维导图

• 最终生成一份包含“正面影响”“负面影响”“反驳观点”的导图，孩子得以清晰了解多维度观点。

优化短语推荐

“多角度分析”“正反论据”“反向提问”“逻辑推理”“思维导图”“结构化总结”“质疑精神”“批判性思维”“论据梳理”“观点对比”……

5.3 用DeepSeek激发孩子的自驱力

» 功能概述

激发孩子的自驱力需要内在兴趣与外部激励相结合。DeepSeek能通过“游戏化”或“成就系统”方式，引导孩子在达成阶段性目标时获得积极反馈，从而保持学习动力。

» 操作步骤

（1）兴趣点挖掘

• 家长输入孩子的兴趣爱好、想要培养的技能等信息，让DeepSeek推荐可能的学习项目。

提示词示例：

“请根据孩子对绘画和音乐的兴趣，给出可结合学习科目的项目化学习方案。”

（2）成就系统设计

• 让DeepSeek为孩子设计一套“成就解锁”机制；如每周完成5天打卡、每周掌握20个新词汇等，即可解锁一项“荣誉徽章”。

提示词示例：

“请设计一个‘学习成就系统’，包含不同等级的徽章、解锁条件，以及对孩子的鼓励话语。”

（3）反馈与激励

• 孩子完成目标后，家长可在DeepSeek上更新进度，让其自动生成鼓励或奖励方案。

提示词示例：

“孩子已经坚持2周完成每天阅读1小时的计划，请生成一段鼓励文案并提出下一个目标。”

» 示例：项目化学习——结合绘画与地理

（1）初步方案

• 家长输入：“孩子喜欢绘画和世界地图，能否给出一个项目化学习方案，让他通过绘画了解各大洲的地理特征？”

• DeepSeek生成了详细的项目思路：如每周选一个大洲，查资料并绘制示意图、撰写地理介绍等。

（2）成就激励

• 家长输入：“请设置3个里程碑：完成绘制2个大洲、4个大洲、7个大洲任务时的成就徽章名称及鼓励文案。”

• DeepSeek输出了如“探索者”“环球小达人”等徽章，并附带激励文案。

优化短语推荐

“兴趣驱动”“项目化学习”“游戏化激励”“成就解锁”“阶段性目标”“自我管理”“荣誉徽章”“持续反馈”“积极强化”“兴趣结合”……

5.4 用DeepSeek培养孩子的研究能力

» 功能概述

研究能力包括信息检索、数据分析、逻辑推导和结果呈现。借助DeepSeek，家长可引导孩子完成从选题到报告撰写的全过程，培养孩子的探究精神与研究思维。

» 操作步骤

（1）选题与资料收集

• 让孩子在DeepSeek中输入感兴趣的研究方向，系统将提供初步选题建议及参考文献。

提示词示例：

> “请推荐一些关于‘气候变化对本地植物的影响’的小型研究选题，并列出可用的数据来源。”

（2）数据分析与可视化

• 孩子将收集到的数据（如温度、降雨量、植物生长情况等）整理好后，输入DeepSeek生成可视化表格和初步分析。

提示词示例：

> 请对以下数据进行统计分析，突出趋势变化：
>
> 温度（摄氏度），降雨量（毫米），植物生长情况：22，2.5，良好；24，3，良好；23，0，一般；22，1，一般。
>
> 要求生成一个数据看板，要求包括可视化设计和数据展现，用html格式输出，确保文件可执行。

（3）撰写研究报告

• 最后，家长可指导孩子让DeepSeek帮忙整理思路并撰写研究报告初稿。

提示词示例：

> “请根据以下实验数据和结论，生成一篇研究报告草稿，包含背景、方法、结果与讨论。”

» 示例：小型气象研究

（1）选题与资料收集

• 孩子对气候变化感兴趣，DeepSeek推荐收集本地气温、降雨量、植物发芽时间等指标，并提供数据网站来源。

（2）数据可视化与分析

• 孩子将3个月的观测数据输入DeepSeek，要求输出表格并指出月平均温度和降雨量趋势。

• DeepSeek生成表格，并给出简要分析。

（3）研究报告撰写

• 孩子整理观测过程与结果，DeepSeek输出了包含背景、方法、结果和结论的报告框架，家长可作进一步指导。

优化短语推荐

“研究选题”“信息检索”“数据可视化”“统计分析”“文献参考”“结果讨论”“逻辑推导”“研究报告”“结论与局限”“后续展望”……

5.5 用DeepSeek扩大孩子的阅读量

» 功能概述

阅读量是孩子综合能力提升的重要因素。DeepSeek可以根据孩子的年龄、兴趣、阅读水平等，智能推荐合适的书籍或文章，并辅助生成阅读理解题目和重点摘要，帮助孩子高效阅读。

» 操作步骤

（1）智能书单推荐

• 输入孩子年龄、兴趣类型、阅读目标等，DeepSeek会给出书籍清单。

提示词示例：

“请根据10岁孩子的兴趣（历史故事、科幻题材等），推荐10本适合他阅读的中文书籍，并给出每本书的简介。”

（2）阅读指导与问答

• 孩子阅读完一部分内容后，将不理解的段落或问题输入DeepSeek。

提示词示例：

“请为以下段落设计5道阅读理解题，并给出简要解答。”

（3）生成摘要与思考题

• 为了巩固阅读效果，可让DeepSeek生成该章节的摘要或思考题，引导孩子加深理解。

提示词示例：

“请就以下章节内容写200字摘要，并提出3个开放性思考问题。”

» 示例：科幻书阅读计划

（1）智能书单

• 家长输入：“孩子对科幻题材感兴趣，想在假期多看几本书，能否推荐5本适合12岁孩子看的科幻作品？”

• DeepSeek输出了书名、作者、难度、简介等信息。

（2）阅读理解与思考

• 孩子读到一半时，家长输入：“请针对这段文字，设计5道阅读理解题，并提供正确答案。”

• DeepSeek自动生成题目及答案，帮助孩子检测理解度。

（3）总结与扩展

• 家长反馈：“请给出该书的主要情节概要，并提出2个思考问题，帮助孩子进一步思考故事背景。”

• DeepSeek输出概要和开放性问题，引导孩子深入思考。

优化短语推荐

“智能书单推荐”“兴趣分类”“阅读理解问题”“摘要生成”“思考题”“知识拓展”“段落解析”“情节概要”“阅读反馈”“多轮互动”……

5.6 用DeepSeek有效辅导孩子的课业

» 功能概述

除了提升综合素质，家长也非常关心孩子在具体学科上的学习情况。DeepSeek可充当“个性化家教”，从解题思路到错题分析，再到作业批改，让孩子在家也能获得专业指导。

» 操作步骤

（1）难题解析与思路引导

• 孩子遇到不会的题目，可以直接将题目的照片或文字描述输入DeepSeek。

提示词示例：

“请详细解析这道二次函数应用题的解题思路，并给出每一步的计算过程。”

（2）错题收集与反思

• 家长可将孩子的错题汇总到DeepSeek，要求系统分析错误原因并提供纠正思路。

提示词示例：

“以下是孩子最近的数学错题，请分析错误类型，并提出有针对性的练习建议。”

（3）学习进度追踪与反馈

• 定期输入孩子的作业完成情况，让DeepSeek输出学习进度报告，指出进步与不足。

提示词示例：

> “孩子本周完成了20道应用题，其中5道出错，请生成一份进度报告并给出下周的练习建议。”

» 示例：数学难题辅导

（1）初步解析

• 孩子将一道二次函数的综合题输入DeepSeek，系统输出了详细解题步骤和注意事项。

（2）错题收集与改进

• 孩子连续两周都在类似题型上出错，家长将错题记录输入DeepSeek，让系统生成专项练习方案。

（3）进度反馈

• DeepSeek输出一份报告，指出孩子在公式记忆、解题细节等方面的薄弱点，并提供了有针对性的强化练习建议。

优化短语推荐

“难题解析”“思路引导”“错题分析”“错误类型”“针对性练习”“进度追踪”“作业批改”“过程讲解”“个性化家教”“持续改进”……

5.7 用DeepSeek提供情感支持与心理教育

» 功能概述

在学习之外，孩子也需要情感支持和心理疏导。DeepSeek虽无法替代专业心理医生，但可以通过情绪分析、倾诉建议等功能，帮助家长更好地了解孩子的心理状态，并给予适时关怀。

» 操作步骤

（1）情绪识别与倾诉建议

• 家长可以输入孩子当天的情绪或压力源，让DeepSeek给予一些疏导建议。

提示词示例：

> “孩子最近情绪低落，对学习提不起劲儿，请根据以下描述给出安慰话语与心理疏导建议。”

（2）学习压力监测与调节

• 若孩子学习压力较大，可让DeepSeek帮忙生成一份“压力自测问卷”，家长与孩子一起完成。

提示词示例：

> “请生成一份适合中学生的压力自测问卷，并提供简单的压力缓解技巧。”

（3）亲子沟通与情感教育

• 家长可以让DeepSeek提供亲子沟通技巧或共同活动建议，增进亲子关系。

提示词示例：

> “请给出5个亲子互动小游戏，适合周末在家进行，能增强沟通

与情感交流。”

» 示例：孩子情绪管理

（1）初步疏导

• 家长输入孩子近期表现，DeepSeek输出一段安慰与鼓励话语，并给出情绪释放小技巧，如深呼吸、运动等。

（2）压力自测问卷

• DeepSeek根据年龄和学习强度生成10道题，让孩子自评压力程度，并提供相应对策。

（3）亲子互动

• DeepSeek推荐了例如“角色扮演小剧场”“一起制作手工”等小游戏，帮助缓解孩子紧张情绪，营造更美好的家庭氛围。

优化短语推荐

“情绪识别”“倾诉建议”“心理疏导”“压力自测”“情感关怀”“亲子沟通”“情感教育”“互动小游戏”“正面激励”“氛围营造”……

5.8 用DeepSeek帮助孩子进行时间管理

» 功能概述

时间管理是许多中国家长关注的重点，尤其面对繁重的学业和多元化的发展需求，孩子若无法妥善分配时间，容易陷入效率低下或拖延的状况。借助DeepSeek，可以制订个性化的时间规划，实时跟踪孩子的执行情况，并提供反馈与改进建议。

» 操作步骤

（1）时间规划与优先级设置

• 家长将孩子的每天课业、兴趣班、休息时间等信息输入DeepSeek。

提示词示例：

“请根据孩子每天可用学习时间（2小时）与晚饭后到睡前的1.5小时，生成一份时间管理表格，含优先级和提醒。”

• DeepSeek输出带有分段时间安排和优先级的表格，便于孩子直观理解。

（2）日程跟踪与反馈

• 每天日程结束后，让孩子将完成情况反馈给DeepSeek，查看是否达成目标。

提示词示例：

“请根据以下时间完成情况，分析孩子在周一的执行效率，并提出改进建议。”

• DeepSeek将指出拖延环节或不合理的时间切分，并给出优化方案。

（3）长期规律与调整

• 家长可每周或每月总结1次孩子的时间使用情况，查看规律并进行微调。

提示词示例：

“请根据孩子过去两周的执行记录，生成一份时间使用分析报告，并提出下一阶段的调整建议。”

» 示例：小林的时间管理计划

（1）初步计划

• 家长输入：“小林每天放学后用2小时完成作业，晚饭后用1.5小时复习+阅读，周六上午参加兴趣班，周日下午外出活动。请生成一份具体时间安排。”

• DeepSeek自动生成一份分段表格，并提示哪些时段适合做轻松或高强度学习。

（2）反馈与微调

• 一周后，家长反馈执行情况，让DeepSeek分析“周三晚饭后一直拖到22点才开始复习”的原因，系统给出缩短晚餐后娱乐时间、提前10分钟开始复习等建议。

优化短语推荐

“时间切分”“任务优先级”“拖延分析”“进度跟踪”“长期规划”“动态调整”“高效利用碎片时间”“及时复盘”“阶段性回顾”“自我监督”……

5.9 用DeepSeek提升孩子的整体学习能力

» 功能概述

学习提升不仅体现在分数或单科表现上，还涉及学习方法、知识迁移与综合应用等方面。DeepSeek可以从方法指导、资源推荐和学习评估等角度出发，为孩子提供系统性学习提升策略。

» 操作步骤

（1）学习瓶颈诊断

• 家长收集孩子的考试成绩、平时作业表现及自我评价，输入DeepSeek进行分析。

提示词示例：

“请根据以下成绩数据和孩子反馈，分析主要瓶颈，并提出有针对性的提升方案。”

（2）资源推荐与方法指导

• DeepSeek可针对不同学科、不同类型的学习瓶颈推荐合适的学习资料与方法。

提示词示例：

> “请推荐适合小学高年级孩子的高效记忆法和练习资料，并结合他在背诵课文方面的弱点。”

（3）综合测评与改进

• 定期将孩子的进步情况输入DeepSeek，系统将输出一份综合测评报告，并给出下一步建议。

提示词示例：

> “请生成一份学习能力提升测评报告，关注孩子在理解、记忆、应用三方面的进步，并提出继续改进的方向。”

» 示例：语文理解与应用提升

（1）初步诊断

• 家长输入孩子最近几次语文考试成绩、作文评分及孩子对“记不住课文”的抱怨。

• DeepSeek指出孩子记忆效率较低和理解深度不足，并给出如“思维导图记忆法”“图文结合”等方法。

（2）持续改进

• 一个月后，家长将孩子在思维导图辅助下背诵课文的进步情况再次输入到DeepSeek，DeepSeek生成测评报告并指出下阶段可加强的部分。

优化短语推荐

“学习瓶颈诊断”“高效记忆”“思维导图”“知识迁移”“应用能力”“资源推荐”“持续改进”“综合测评”“分层学习”“动态调整”……

5.10 用DeepSeek帮助孩子养成良好习惯

» 功能概述

稳定且优秀的学习成绩背后往往是良好习惯的支撑。DeepSeek不仅能协助孩子制订习惯养成计划，还能通过多轮反馈帮助孩子识别“破坏好习惯”的因素并进行及时纠正。

» 操作步骤

（1）习惯目标设定

• 家长和孩子一起制订想要养成的习惯（如“每天背单词10分钟”“睡前整理书桌”等）并输入DeepSeek。

提示词示例：

“请帮孩子制订一个习惯养成清单，包括每天背单词、复盘当天所学、整理书桌等，给出具体执行方案。”

（2）监测与反馈

• 每天或每周让孩子记录完成情况并输入DeepSeek，系统会生成一份执行效率总结和情况分析。

提示词示例：

“请根据孩子这周的习惯养成记录，分析完成率较低的原因，并给出改进建议。”

（3）正向激励与阶段复盘

• 为增强习惯养成的动力，可让DeepSeek设计阶段性奖励机制或鼓励话语。

提示词示例：

“请生成一段鼓励话语，用于表扬孩子坚持早起背单词14天，并引导他完成下一个小目标。"

» 示例：早起背单词与书桌整理

（1）初次清单

- 家长输入："孩子要养成每天早起背单词10分钟、睡前整理书桌的习惯，请设计执行表。"
- DeepSeek输出了包含时间、执行方式、注意事项的表格。

（2）跟踪与激励

- 一周后，孩子坚持背单词但偶尔忘记整理书桌，DeepSeek分析原因是"睡前时间管理不足"，建议稍微提前洗漱，留5分钟专门做整理。

优化短语推荐

"习惯清单""正向激励""阶段复盘""完成率统计""破坏习惯因素""自我监督""长期坚持""短期目标""行为跟踪""即时反馈"……

5.11 用DeepSeek促进家校协同

» 功能概述

在中国的教育环境中，家长与学校的配合至关重要。借助DeepSeek，家长可以更好地与老师沟通，并跟进孩子在校表现，以便及时做出调整。

» 操作步骤

（1）家校沟通文案与策略

- 家长可让DeepSeek根据孩子的学习情况或问题，生成简洁明了的沟通邮件和咨询信息。

提示词示例：

"请帮我写一封简短的邮件给班主任，说明孩子最近的学习状态和想咨询的几个问题。"

（2）家长会发言与报告

- 家长会时，需要对孩子在家的表现进行汇报，可借助DeepSeek撰写简要报告。

提示词示例：

"请生成一份家长会简要发言稿，介绍孩子近期在家学习的进展和问题，并希望老师给予有针对性的建议。"

（3）持续跟踪与反馈

- 将老师的反馈或评语录入DeepSeek，让系统自动生成下一步行动方案。

提示词示例：

"班主任反馈孩子课堂上注意力不集中，请给出家庭配合策略，包括作息安排和注意力训练方法。"

» 示例：与班主任的邮件沟通

（1）初次邮件

- 家长输入："孩子最近在家学习时注意力不集中，想向老师了解课堂情况。请帮我写一封礼貌而简短的邮件。"
- DeepSeek输出了一封称呼恰当、语气礼貌的邮件草稿。

（2）后续报告

- 老师回复后，家长将要点输入DeepSeek，要求："请根据老师的反馈，生成一份改进计划，侧重家庭环境和孩子作息管理。"
- 系统给出了有针对性的家校协同方案。

优化短语推荐

“家校沟通”“礼貌邮件”“简要报告”“有针对性的建议”“班主任反馈”“家庭配合策略”“作息安排”“注意力训练”“后续跟进”“反馈闭环”……

5.12 用DeepSeek拓展孩子的综合素质

» 功能概述

除了学科知识与心理健康，中国家长也希望孩子在艺术、体育、社会实践等方面均衡发展。DeepSeek可结合孩子的兴趣与目标，提供多元化的素质拓展方案。

» 操作步骤

（1）兴趣与资源挖掘

• 输入孩子的特长、兴趣爱好、可支配时间等信息，DeepSeek将推荐提升素质的活动或项目。

提示词示例：

“请根据孩子对音乐和手工方面的兴趣特点，推荐适合周末在家完成的素质拓展项目。”

（2）活动策划与目标设定

• 确定项目后，可让DeepSeek帮忙制订活动目标、阶段安排、所需材料等。

提示词示例：

“请给出一个音乐+手工融合的活动策划方案，目标是提升孩子的艺术审美和动手能力。”

（3）总结与分享

• 活动结束后，让孩子将体验和收获输入DeepSeek，系统将自动生成总结或展示稿。

提示词示例：

“请根据以下活动过程，为孩子生成一份分享稿，用于在班级活动中展示。”

» 示例：音乐与手工融合项目

（1）初步规划

• 家长输入：“孩子对音乐和绘画都感兴趣，请设计一项周末可完成的小项目，让他既能演奏一首曲子，又能做一个与曲子主题相关的手工作品。”

• DeepSeek输出了“制作简易乐器+主题海报”的综合方案，并列出所需材料。

（2）成果展示

• 完成后，家长输入孩子的体验过程，DeepSeek生成一段演讲稿或一个PPT大纲，帮助孩子在班上进行分享。

优化短语推荐

“兴趣融合”“艺术审美”“动手能力”“综合实践”“活动策划”“目标设定”“成果展示”“多元发展”“分享稿”“创意表达”……

第六章

DeepSeek在日常生活中的应用

本章以DeepSeek为工具，系统呈现了15个日常写作项目应用案例，涵盖社交文案、旅游、装修、健康、财务、亲子活动等多个方面。每个案例均分为文本输入、局部反馈与多轮迭代3步，通过详细操作说明和专业优化短语推荐，实现文本精准生成与个性化调整，助力用户提升生活质量与决策效率。

6.1 高质量朋友圈文案创作

» 功能概述

利用DeepSeek自动生成创意朋友圈文案，帮助用户发布内容优美、情感真挚且具有吸引力的动态，展现个性与生活品位。

» 操作步骤

（1）文本输入与初步生成

• 将发布需求（例如“分享周末城市漫步的感受”）输入DeepSeek对话框，输入指令：“请生成一篇朋友圈文案，要求语言生动、情感真挚，描述周末城市漫步的美好体验。”

• 生成结果：系统输出初步文案，包含画面描写和情感抒发。

（2）反馈优化与局部修改

• 检查文案后，逐条反馈：“请优化中间段落，增加具体细节描述，如‘街角咖啡的温暖气息’。”

• 生成结果：反馈后文案更具画面感和感染力。

（3）多轮迭代直至满意

重复反馈直至文案风格统一、语句流畅、表达精准。

优化短语推荐

“文采飞扬”“情感真挚”“语言优美”“画面生动”“结构紧凑”“表达精准”“修辞丰富”“节奏和谐”“氛围温暖”“风格独特”……

6.2 贺词编写

» 功能概述

利用DeepSeek自动生成祝酒词、婚礼贺词、生日祝福、节日问候语等，帮助用户在宴会、聚会中及节庆场合发表言辞得体且温暖人心的致辞。

» 操作步骤

（1）文本输入与初步生成

• 以年会祝酒词撰写为例，将祝酒场合和主题（例如 “庆祝团队成功”）输入DeepSeek对话框，输入指令：“请生成一篇适用于公司年会的祝酒词，要求表达祝贺、激励团队且充满正能量。”

• 生成结果：系统输出初步祝酒词，列出祝贺语和激励内容。

（2）反馈优化与局部修改

• 检查输出后，逐条反馈：“请在开头增加引人入胜的开场白，并在中间部分突出团队协作精神。”

• 生成结果：反馈后祝酒词表达的情感更加激昂，结构分明。

（3）多轮迭代直至满意

重复反馈直至生成符合场合要求的完美祝酒词。

优化短语推荐

“气势磅礴”“语言得体”“情感激昂”“鼓舞人心”“结构紧凑”“开场引人”“层次分明”“情绪饱满”“祝福真挚”“修辞优美”……

6.3 旅游攻略制订

» 功能概述

利用DeepSeek自动生成旅游攻略，帮助用户规划行程、推荐景点及提供交通、饮食建议，确保旅行体验丰富、顺畅。

» 操作步骤

（1）文本输入与初步生成

• 将旅游需求（例如“新加坡5日游”）输入DeepSeek对话框，输入指令：“请生成一份新加坡5日游攻略，包含每日行程、景点介绍、交通方案及美食推荐。”

• 生成结果：系统输出初步攻略，详细列出每日活动安排和推荐信息。

（2）反馈优化与局部修改

• 检查攻略后，逐条反馈：“请在第三天增加动物园游览建议，并详细说明地铁线路。”

• 生成结果：反馈后攻略内容更细致、信息更实用。

（3）多轮迭代直至满意

重复反馈直至攻略内容全面、细节明确且符合实际需求。

优化短语推荐

“行程合理”“景点丰富”“交通便捷”“饮食推荐”“细节完善”“信息翔实”“实用性强”“规划周全”“推荐精确”“体验优化”……

6.4 旧屋翻新装修攻略制订

» 功能概述

利用DeepSeek制订旧屋翻新装修攻略，帮助用户对比方案、明确预算并规划装修流程，实现家居环境升级。

» 操作步骤

（1）文本输入与初步生成

• 将装修需求（例如“旧屋翻新方案”）输入DeepSeek对话框，输入指令：“请生成一份旧屋翻新装修攻略，比较不同风格和预算方案，并提供详细流程和注意事项。”

• 生成结果：系统输出初步装修攻略，涵盖设计方案和费用对比。

（2）反馈优化与局部修改

• 检查攻略后，逐条反馈：“请增加详细的材料费用说明，并优化装修流程描述。”

• 生成结果：反馈后攻略内容更为详细，预算与流程规划更明确。

（3）多轮迭代直至满意

重复反馈调整直至生成实用、详细的翻新装修攻略。

优化短语推荐

“方案合理”“费用明细”“流程清晰”“设计时尚”“细节丰富”“预算精准”“材料翔实”“步骤规范”“整体协调”“实用高效”……

6.5 家庭收纳整理方案制订

» 功能概述

利用DeepSeek自动生成家庭收纳整理方案，帮助用户合理规划家居空间，提高居家生活的整洁与舒适度。

» 操作步骤

（1）文本输入与初步生成

• 将收纳需求（例如“客厅与卧室收纳”）输入DeepSeek对话框，输入指令：“请生成一份家庭收纳整理方案，针对客厅和卧室，提供具体收纳方法和整理技巧。”

• 生成结果：系统输出初步整理方案，列出各区域的收纳建议。

（2）反馈优化与局部修改

• 检查方案后，逐条反馈：“请在卧室部分增加衣柜收纳细节，并对客厅物品分类提出建议。”

• 生成结果：反馈后方案中各区域收纳建议更详细、实用性更强。

（3）多轮迭代直至满意

重复反馈直至生成全面、切实可行的收纳整理方案。

优化短语推荐

“收纳巧妙”“方案合理”“细节完善”“分类明确”“结构清晰”“方法实用”“操作简便”“空间利用”“创意独特”“效果显著”……

6.6 减肥计划制订

» 功能概述

利用DeepSeek自动生成健康减肥计划，帮助用户制订饮食与运动方案，实现科学减重目标。

» 操作步骤

（1）文本输入与初步生成

• 将健康目标（例如“体重85千克，目标65千克”）输入DeepSeek对话框，输入指令：“请生成一份为期3个月的减肥计划，包含每日饮食、运动安排和阶段性目标。”

• 生成结果：系统输出初步计划，列出每日餐单与运动方案。

（2）反馈优化与局部修改

• 检查计划后，逐条反馈：“请在运动安排中增加力量训练和有氧运动的详细说明，并优化饮食结构。”

• 生成结果：反馈后计划内容更科学、详细，符合个性化需求。

（3）多轮迭代直至满意

重复反馈直至生成全面、可执行的减肥方案。

优化短语推荐

"营养均衡""热量控制""运动规划""食材精选""搭配科学""易于执行""调整灵活""数据支撑""目标明确""效果显著"……

6.7 家庭储蓄与财务规划

» 功能概述

利用DeepSeek制订家庭储蓄与财务规划方案，帮助用户合理分配收入与支出，实现财富稳健增长。

» 操作步骤

（1）文本输入与初步生成

• 将家庭财务信息（例如"每月收入1万元，支出6 000元"）输入DeepSeek对话框，输入指令："请生成一份为期1年的家庭储蓄与财务规划方案，包含收入分配、储蓄计划及投资建议。"

• 生成结果：系统输出初步方案，涵盖预算分配与投资比例。

（2）反馈优化与局部修改

• 检查方案后，逐条反馈："请详细说明投资部分，并增加风险控制和应急储备建议。"

• 生成结果：反馈后方案内容更翔实，数据支持充分。

（3）多轮迭代直至满意

重复反馈直至生成结构完整、切实可行的财务规划。

优化短语推荐

“预算明晰”“风险控制”“投资科学”“财务稳健”“规划详细”“分配合理”“数据支撑”“策略明确”“操作简便”“效益显著”……

6.8 邀请函撰写

» 功能概述

利用DeepSeek自动生成各类活动的邀请函，帮助用户撰写正式而温馨的邀请文案，确保信息传达准确。

» 操作步骤

（1）文本输入与初步生成

• 将邀请需求（例如“家庭聚会邀请”）输入DeepSeek对话框，输入指令：“请生成一份家庭聚会邀请函，要求包含聚会时间、地点、内容及注意事项。”

• 生成结果：系统输出邀请函草稿，格式正式且内容翔实。

（2）反馈优化与局部修改

• 检查邀请函后，逐条反馈：“请在聚会内容部分增加具体安排，并调整语言使之更亲切。”

• 生成结果：反馈后邀请函更具亲和力，信息表达更清晰。

（3）多轮迭代直至满意

重复反馈直至生成符合“正式与亲切”要求的最终邀请函。

优化短语推荐

“格式正式”“内容翔实”“语言亲切”“结构清晰”“信息完整”“条理分明”“用词精练”“表达准确”“创意独特”“礼仪得体”……

6.9 购物比价与产品评测

» 功能概述

利用DeepSeek自动生成购物比价报告和产品评测攻略，帮助用户比较产品性能、价格及用户评价，做出理性消费决策。

» 操作步骤

（1）文本输入与初步生成

• 将产品信息（例如“智能手机”）输入DeepSeek对话框，输入指令：“请生成一份智能手机产品对比报告，要求比较性能、价格、用户评价和售后服务。”

• 生成结果：系统输出初步报告，包含对比表格和评测意见。

（2）反馈优化与局部修改

• 检查报告后，逐条反馈：“请在用户评价部分增加具体案例，并细化售后服务说明。”

• 生成结果：反馈后报告内容更为详细，数据更精准。

（3）多轮迭代直至满意

重复反馈直至生成详尽、准确的产品评测攻略。

优化短语推荐

“对比详细”“评测全面”“数据精准”“分析客观”“建议实用”“结构清晰”“内容丰富”“逻辑严谨”“案例支持”“购物明智”……

6.10 家庭亲子活动规划

» 功能概述

利用DeepSeek自动生成家庭亲子活动规划方案，帮助用户设计丰富多彩的家庭活动，增强亲子互动和家庭凝聚力。

» 操作步骤

（1）文本输入与初步生成

• 将活动需求（例如“周末户外游玩及手工DIY”）输入DeepSeek对话框，输入指令：“请生成一份家庭亲子活动规划，包含户外游玩、手工DIY和亲子游戏安排。”

• 生成结果：系统输出初步方案，列出活动安排和建议。

（2）反馈优化与局部修改

• 检查方案后，逐条反馈：“请在户外游玩部分增加安全提示和休息安排，并在手工DIY部分注明所需材料。”

• 生成结果：反馈后方案更具操作性和安全性。

（3）多轮迭代直至满意

重复反馈直至生成详细、创意丰富的亲子活动规划。

优化短语推荐

“活动丰富”“互动性强”“安全保障”“安排合理”“细节周全”“创意十足”“亲子共融”“时间优化”“趣味十足”“执行简便”……

6.11 生活小窍门与DIY方案生成

» 功能概述

利用DeepSeek自动生成生活小窍门和DIY方案，帮助用户学习实用技巧，提升生活质量和动手能力。

» 操作步骤

（1）文本输入与初步生成

• 将DIY需求（例如“家居收纳DIY方案”）输入DeepSeek对话框，输入指令：“请生成一份关于家居DIY收纳方案的详细指南，要求包含操作步骤、所需材料和注意事项。”

• 生成结果：系统输出初步指南，列出具体操作步骤和材料清单。

（2）反馈优化与局部修改

• 检查指南后，逐条反馈：“请在操作步骤中增加关键注意事项。”

• 生成结果：反馈后指南步骤更清晰，指导性更强。

（3）多轮迭代直至满意

重复反馈直至生成完整、实用且易于执行的DIY指南。

优化短语推荐

“操作简便”“步骤清晰”“材料齐全”“说明详尽”“图文并茂”“创意无限”“实用高效”“提示具体”“易于执行”“效果显著”……

6.12 健康饮食食谱制订

» 功能概述

利用DeepSeek自动生成健康饮食食谱，帮助用户制订科学合理的每日饮食方案，满足营养均衡需求。

» 操作步骤

（1）文本输入与初步生成

• 将饮食需求（例如“低热量健康饮食”）输入DeepSeek对话框，输入指令：“请生成一份为期一周的低热量健康饮食食谱，包含每日三餐建议及营养搭配。”

• 生成结果：系统输出初步食谱，详细列出各餐饮食建议和热量信息。

（2）反馈优化与局部修改

• 检查食谱后，逐条反馈：“请在晚餐部分增加高蛋白、低脂肪的食材选择，并说明烹饪方式。”

• 生成结果：反馈后食谱更符合健康要求，营养搭配更科学。

（3）多轮迭代直至满意

重复反馈直至生成全面、科学的饮食计划。

优化短语推荐

“营养均衡”“热量控制”“食材新鲜”“烹饪健康”“方案科学”“易于执行”“调整灵活”“口感甚佳”“数据精准”“效果显著”……

6.13 厨房清洁攻略制订

» 功能概述

利用DeepSeek自动生成厨房清洁攻略，帮助用户制订有效的清洁步骤和技巧，解决日常油污及杂乱问题。

» 操作步骤

（1）文本输入与初步生成

• 将清洁需求（例如“厨房油烟清洁”）输入DeepSeek对话框，输入指令：“请生成一份厨房油烟清洁攻略，包含操作步骤、所需清洁剂和注意事项。”

• 生成结果：系统输出初步攻略，列出清洁步骤和方法。

（2）反馈优化与局部修改

• 检查攻略后，逐条反馈：“请在步骤中增加对特殊污渍处理的说明，并优化步骤顺序。”

• 生成结果：反馈后清洁攻略的步骤更清晰，细节更完善。

（3）多轮迭代直至满意

重复反馈直至生成适用于家庭实际情况的清洁攻略。

优化短语推荐

“操作简单”“步骤明确”“方法创新”“效果显著”“清洁彻底”“细节完备”“易于理解”“实用高效”“技巧丰富”“解决问题”……

6.14 运动健身计划制订

» 功能概述

利用DeepSeek自动生成运动健身计划，帮助用户制订跑步训练方案，提升耐力与健康水平。

» 操作步骤

（1）文本输入与初步生成

• 将健身目标（例如“从每天慢跑开始，逐步提升耐力”）输入DeepSeek对话框，输入指令：“请生成一份为期3个月的跑步训练计划，包含每日跑步时间、强度和休息安排。”

• 生成结果：系统输出初步训练计划，涵盖跑步距离和时间安排。

（2）反馈优化与局部修改

• 检查计划后，逐条反馈：“请在训练计划中增加力量训练和拉伸训练部分，并详细说明每个阶段的目标。”

• 生成结果：反馈后计划内容更全面，阶段性目标更明确。

（3）多轮迭代直至满意

重复反馈直至生成切实可行的运动健身计划。

优化短语推荐

“计划详细”“目标明确”“阶段分明”“训练科学”“时间合理”“动作规范”“休息充分”“效果显著”“数据支持”“操作简便”……

第七章

DeepSeek在自媒体内容创新与智能写作上的应用

DeepSeek作为国内领先的人工智能大模型，不仅具备强大的文本生成能力，还能根据用户需求进行多样化风格定制、结构优化和多模态信息整合。本章系统介绍了如何利用DeepSeek实现自媒体内容的智能创作，从创意构思、文本生成、风格定制到多模态内容生成与整合，再到视频脚本、互动文案创作以及SEO文章的撰写。通过具体操作步骤和直观指令示例，读者可以全面掌握AI辅助内容创作的实用方法，从而在自媒体运营中脱颖而出，实现高效产出和精准传播。

7.1 创意构思与内容策划（示例：内容创作大纲生成）

» 功能概述

自媒体创作首先需要进行创意构思和内容策划。DeepSeek可根据用户输入的主题、关键词和目标受众，快速生成创意大纲和构思方案，为内容创作提供初步框架。

» 操作步骤与指令示例

（1）确定主题和关键词

例如，主题为“环保科技”，关键词包括“可持续发展”“绿色能源”等。

（2）生成创意大纲

指令示例：“请生成一份关于‘环保科技’的内容创作大纲，要求包含主题背景、核心观点、创意表达及预期效果，语言简洁明了。”

（3）初步反馈与调整

根据生成结果，用户可追加指令：“请在核心观点部分增加‘绿色能源的应用’的具体案例。”

7.2 文本生成与风格定制（示例：短视频文案优化）

» 功能概述

DeepSeek具备高质量文本生成能力，能根据指定的风格要求生成各种文体的文章，包括新闻稿、评论、随笔、诗歌等。

» 操作步骤与指令示例

（1）生成创意段落

指令示例："请生成一段关于'未来城市'的描述，用于短视频文案，要求语言充满未来感和科技感，每句不超过15个字，使用生动形象的比喻。"

（2）风格定制

用户可进一步指定文体："请生成一篇关于'数字化生活'的现代诗，要求语言清新，富有韵律，每段不少于4行。"

（3）多轮反馈

如果初稿中部分内容不符合要求，可追加指令："请将第二段调整为更加轻松幽默的风格，并增加具体的场景描述。"

7.3 多模态内容生成与整合（示例：图文结合的自媒体文章创作）

» 功能概述

在自媒体创作中，图文结合已成为主流。DeepSeek可与图像生成工具联动，通过详细的文字描述生成符合主题的图片，或辅助生成信息图表，提升内容的视觉吸引力。

» 操作步骤与指令示例

（1）生成图像描述

指令示例："请生成5条关于'未来城市夜景'的详细图片描述，每条描述要求包含主要建筑、光影效果和色彩搭配，语言生动。"

（2）联动图像生成工具

用户将生成的描述复制至图像生成平台（如"即梦AI"）进行批量生成，随后对图片进行微调。

（3）整合图文内容

指令示例："请生成一篇融合以上图片描述和文字说明的自媒体文章，要求内容结构清晰，配合表格和图片进行视觉呈现。"

7.4 视频脚本与互动文案创作（示例：短视频脚本编写）

» 功能概述：

短视频和直播已成为自媒体的重要传播形式。DeepSeek可辅助生成视频脚本、主持词和互动文案，帮助创作者迅速构思和输出高质量视频内容。

» 操作步骤与指令示例：

（1）撰写视频脚本大纲

指令示例："请生成一份关于'环保科技'的短视频脚本大纲，要求包括开场白、主要内容展示和结尾呼吁，语言亲切，富有感染力。"

（2）生成完整脚本

用户在大纲基础上，可追加指令："请根据大纲详细撰写每个部分的内容，特别强调互动环节和观众提问部分。”

（3）生成互动文案

指令示例：“请生成3条关于‘环保科技’的互动提问文案，要求语言轻松、有趣，能激发观众参与讨论。”

7.5 SEO文章与广告文案优化（示例：精准关键词优化）

» 功能概述

在自媒体运营中，搜索引擎优化（SEO）和广告文案的质量直接影响内容的传播效果。DeepSeek可根据关键词优化文本内容，使文稿更具吸引力和传播力。

» 操作步骤与指令示例

（1）生成SEO文章初稿

指令示例：“请生成一篇关于‘绿色能源未来’的SEO文章草稿，要求包含标题、正文和结论，关键词‘绿色能源、可持续发展’均匀分布，语言通俗易懂。”

（2）广告文案生成

指令示例：“请生成5条关于‘环保产品’的广告文案，每条不超过12个字，要求生动、简洁并具有吸引力。”

（3）反馈调整

根据初稿效果，用户可以追加指令：“请在广告文案中增加情感词汇和行动呼吁。”

第八章

DeepSeek在金融与投资决策中的应用

在金融市场中，数据繁杂、变量众多，投资决策需要依靠精准的数据分析和科学的模型预测。DeepSeek依托先进的自然语言处理和大规模数据处理能力，能够快速从海量信息中提取有价值的数据，并生成翔实的分析报告。本章将详细介绍DeepSeek在金融与投资决策中的应用，包括个股分析、行业板块分析、行业风险评估、市场行情预测以及量化交易策略构建等，每个部分均附有具体操作步骤和直观的指令示例。（编者按：本章内容是对AI在金融相关领域应用的功能解读，不涉及具体投资建议。）

8.1 个股分析与投资建议（示例：上市公司财务分析）

» 核心功能

DeepSeek通过整合上市公司财务报告、新闻资讯和市场数据，对目标公司进行综合分析，揭示其基本面、财务状况及竞争优势，为投资者提供个股投资建议。

» 操作步骤

（1）数据准备

收集目标公司的基本信息，如股票代码、主要财务指标（营收、净利润、资产负债率）及相关新闻动态。

（2）初始生成

指令示例："请生成一份关于'SZ000×××'股票的分析报告草稿，要求包括公司基本面、关键财务指标、市场竞争力分析和风险提示，语言正式且数据翔实。"

（3）反馈迭代

如发现财务部分数据不够充分，可追加指令：“请在财务分析部分增加过去3年的同比增长率和利润率变化趋势，并生成相关数据图表。”

（4）定稿输出

经多轮反馈优化后，生成高质量的股票分析报告，供投资决策参考。

8.2 行业板块分析（示例：新能源汽车行业分析）

» 核心功能

DeepSeek可整合宏观经济数据、行业竞争信息和政策环境，生成全面的行业分析报告，帮助投资者判断该行业的市场机遇和潜在风险。

» 操作步骤

（1）数据采集

整理目标行业（如新能源汽车、互联网金融等）的市场数据、竞争者信息及政策动态。

（2）生成初稿

指令示例：“请生成一份关于‘新能源汽车’行业板块的分析报告草稿，要求包括市场现状、竞争格局、政策环境，文字客观，数据翔实，并附有图表说明。”

（3）反馈与调整

追加指令：“请在风险评估部分详细描述供应链中断和政策变动的影响，并与主要竞争对手进行详细对比。”

（4）输出定稿

完成调整后，保存为标准行业分析报告，支持企业战略决策。

8.3 行业风险评估（示例：金融行业趋势分析）

» 核心功能

DeepSeek可整合金融行业数据、行业竞争信息和政策环境，生成全面的行业趋势分析报告，帮助投资者判断市场机遇和潜在风险。

» 操作步骤

（1）数据采集

整理金融行业趋势的市场数据、政策动态。

（2）生成初稿

指令示例："请生成一份关于'金融行业'的趋势分析报告草稿，要求包括市场现状、竞争格局、政策环境、主要风险和投资建议，文字客观，数据翔实，并附有图表说明。"

（3）反馈与调整

追加指令："请在风险评估部分详细描述金融市场波动、政策变动、数字货币监管不确定性以及金融科技带来的创新和挑战，并与主要竞争对手（例如某些领先的银行与金融科技公司）进行详细对比。"

（4）输出定稿

完成调整后，报告将包括标准化格式的金融行业趋势分析报告。

8.4 市场行情前瞻与趋势分析（示例：股票市场大盘评测）

» 核心功能

通过DeepSeek的数据分析能力，用户可以对大盘走势、宏观经济指标和市场热点进行综合解读，评测市场趋势，为投资决策提供有前瞻性的参考。

» 操作步骤

（1）数据输入

整理宏观经济数据、股指走势、主要新闻及市场热点信息。

（2）生成初稿

指令示例："请生成一份《2024年上半年市场行情分析报告》草稿，要求包括大盘走势、宏观经济环境、热点板块分析及风险提示，语言规范，数据支持充足，并嵌入折线图和饼图说明。"

（3）反馈优化

如需更详细的数据说明，追加指令："请在热点板块部分增加具体的增长数据和未来趋势前瞻。"

（4）最终定稿

调整完毕后，生成报告供投资者参考。

8.5 量化交易策略构建（示例：Python量化交易代码生成）

» 核心功能

DeepSeek不仅能生成文本报告，还支持辅助构建量化交易模型的代码框架。通过整合历史数据和风险控制策略，用户可以构建并验证个性化的量化交易系统。

» 操作步骤

（1）策略设定

明确量化交易策略（如趋势跟踪、均值回归等），并收集相关历史数据。

（2）生成代码框架

指令示例："请用Python生成一个基于趋势跟踪策略的量化交易模型代码框架，要求包括数据预处理、信号生成、回测模块和风险控制措施，并添加详细注释。"

（3）反馈与调试

追加指令："请在信号生成部分增加移动平均线指标，并在回测模块中加入夏普比率计算。"

（4）模型验证

将生成代码导入本地开发环境进行测试，根据实际数据进行参数优化，直至模型稳定可靠。

第九章

DeepSeek高级玩法与跨平台应用

本章介绍了DeepSeek的跨平台高级应用，包括与即梦AI、Mermaid、Xmind等工具的协同工作，以及如何利用多轮反馈迭代优化智能体的训练。通过具体操作步骤和直观指令示例，读者可以学会如何将DeepSeek扩展到图像生成、数据可视化和个性化智能体构建等领域，从而在多样化应用场景中实现高效智能创作。

9.1 DeepSeek + Word：高效获取工作资料

» 功能概述

DeepSeek与Word的结合可以显著提升工作效率。DeepSeek提供强大的信息检索能力，帮助用户快速从大量数据中找到相关内容，而Word则提供灵活的文档编辑与格式设置功能。通过DeepSeek，用户可以高效地获取所需资料，再利用Word进行整理与编辑，极大减少了搜索和整理时间，提升了工作效率。

» 操作步骤与指令示例

- 进入DeepSeek官网，点击右上角的【API开放平台】。

• 点击【API keys】。

• 点击【创建API key】，自定义名称后，进行创建。

API keys

列表内是你的全部 API key，API key 仅在创建时可见可复制，请妥善保存。不要与他人共享你的 API key，或将其暴露在浏览器或其他客户端代码中。
为了保护你的帐户安全，我们可能会自动禁用我们发现已公开泄露的 API key。我们未对 2024 年 4 月 25 日前创建的 API key 的使用情况进行追踪。

名称	Key	创建日期	最新使用日期

暂无 API key，你可以 **创建 API key**

创建 API key

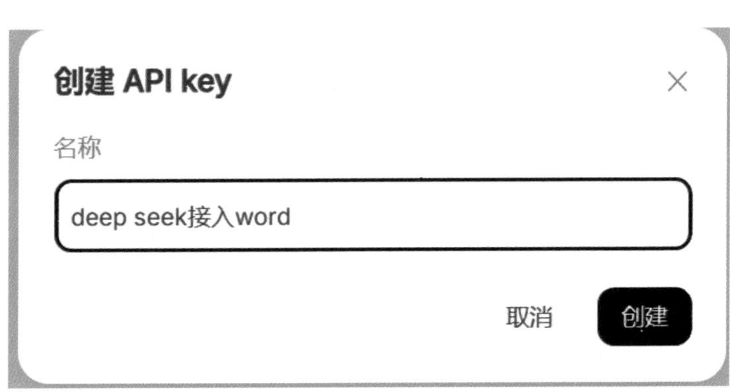

• 创建生成API key，复制，存放。

• 打开Word进行配置，点击【选项】—【自定义功能区】—【主选项卡】—勾选【开发工具】。

• 点击【选项】—【信任中心】—【信任中心设置】。

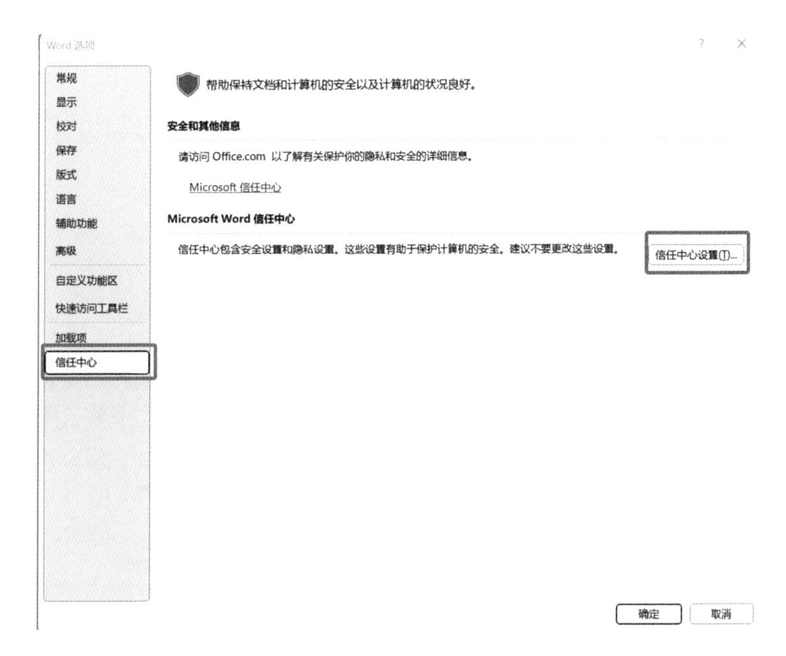

• 在【信任中心】—【宏设置】中，勾选【启用所有宏】，勾选【信任对VBA工程对象模型的访问】，然后进行确定。

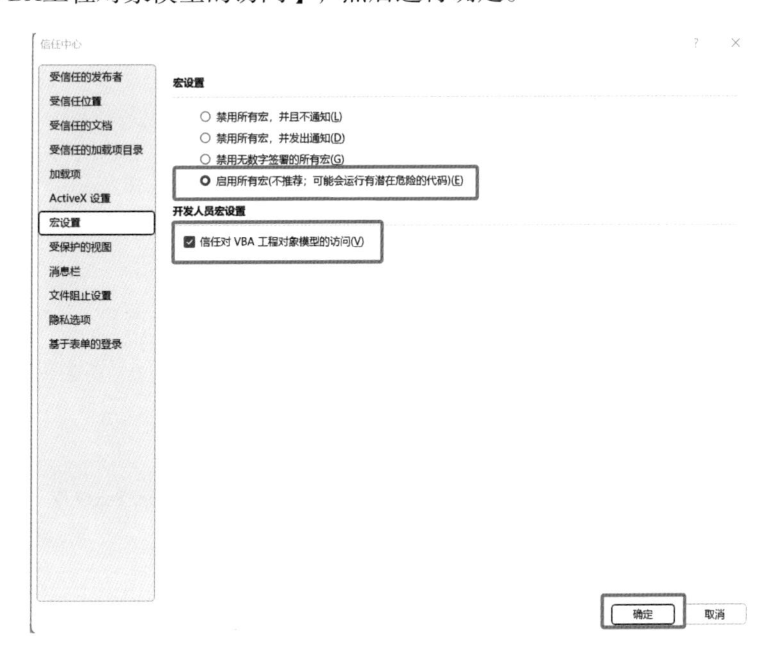

• 这时在Word选项卡中，新增了【开发工具】。

• 点击【开发工具】的【Visual Basic】。

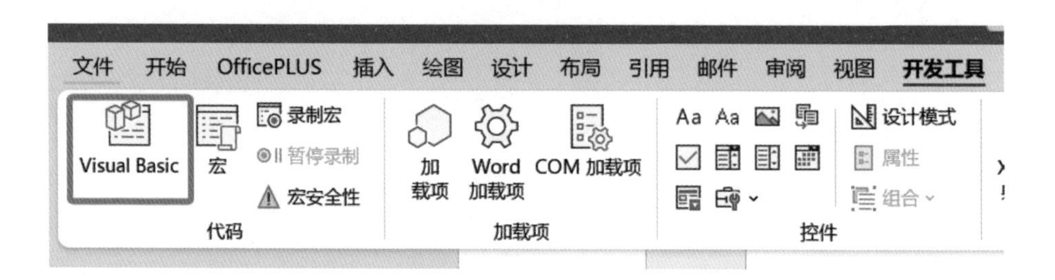

• 在【Visual Basic】中选择【插入】—【模块】，贴入代码（代码已经开源，地址为https://github.com/ProtoBeeCode/ai/blob/main/word），在代码中找到api_key= “您的API密钥”，替换创建的API密钥后关闭。

```
Dim api_key As String
Dim selectedText As String
Dim userInput As String
Dim finalInput As String
Dim response As String
Dim regex As Object
Dim matches As Object
Dim originalSelection As Range
Dim inputResult As ModelSelection
Dim modelType As String
' API Key
api_key = "您的API密钥"
If api_key = "" Then
    MsgBox "请输入API密钥。", vbExclamation
    Exit Sub
End If
' 获取选中文本（如果有）
If Selection.Type = wdSelectionNormal And Len(Selection.Text) >
    selectedText = Selection.Text
    Set originalSelection = Selection.Range.Duplicate
```

• 打开Word进行配置，点击【选项】—【自定义功能区】—【开发工具】—【新建组（自定义）】并重命名。

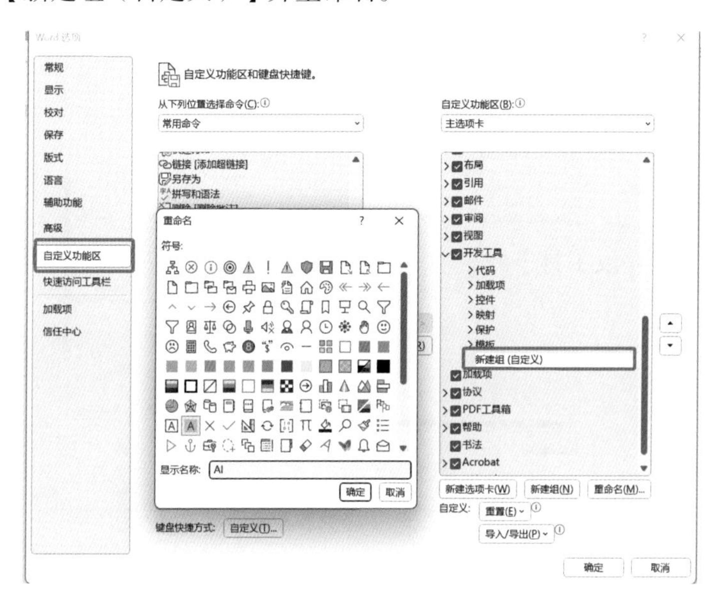

• 在【从下列位置选择命令】中选择【宏】，添加【Project.模块3.DeepSeekV3】，至此，我们已成功地将Word接入DeepSeek大模型了。

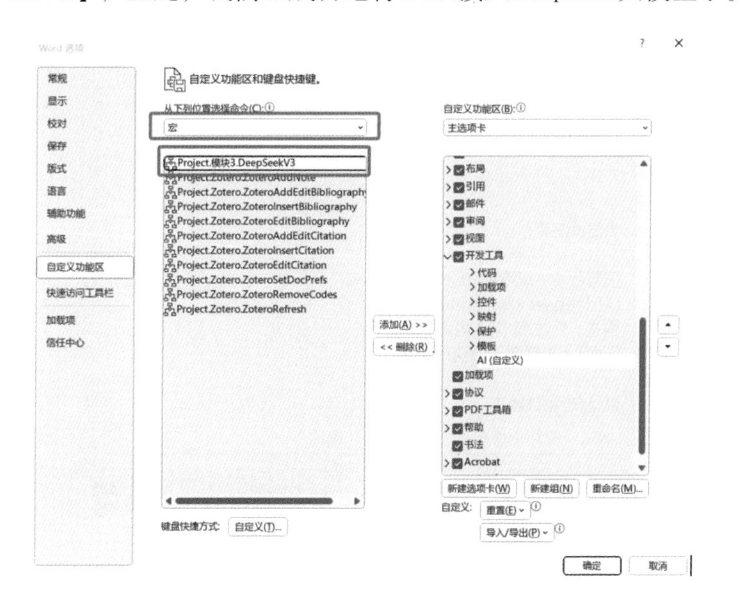

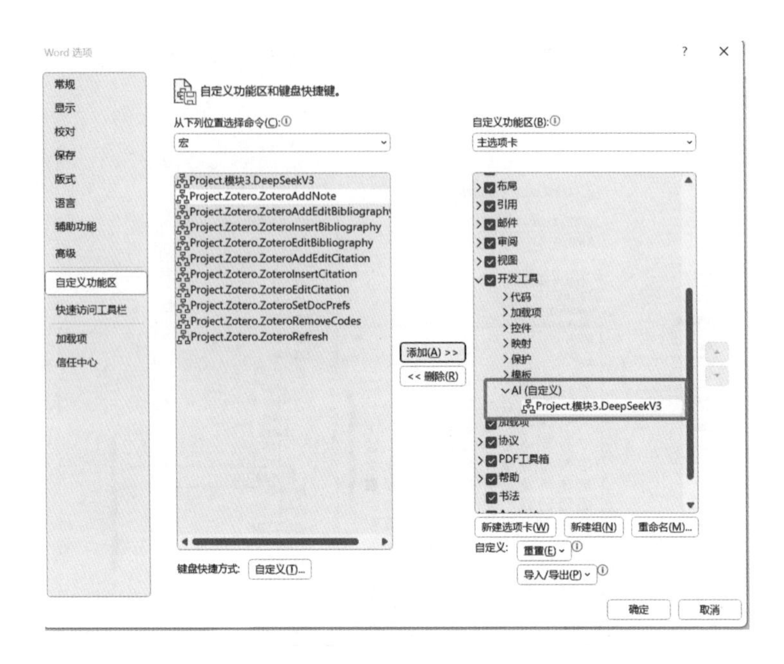

• 点击【开发工具】—【Project.模块3.DeepSeekV3】，即可使用DeepSeek API设置。

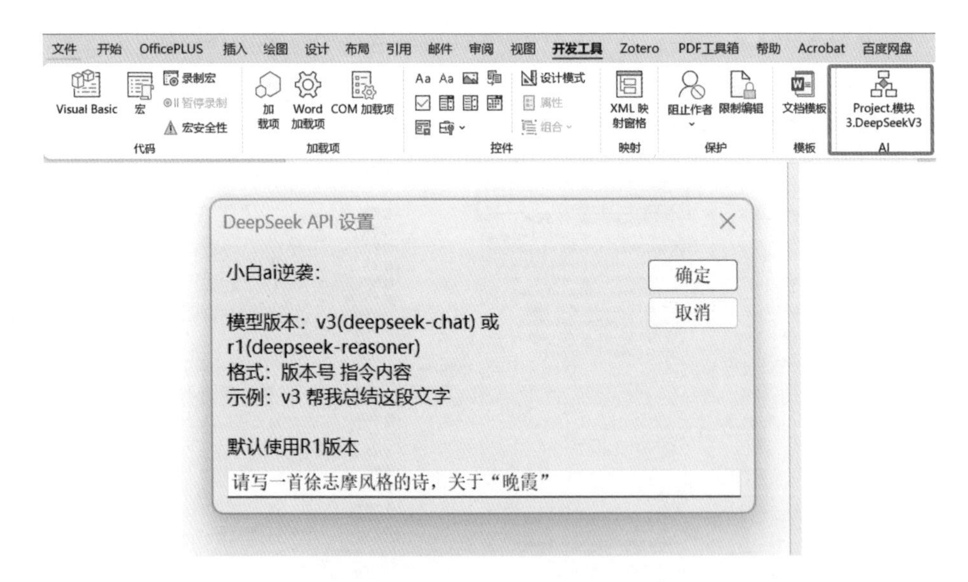

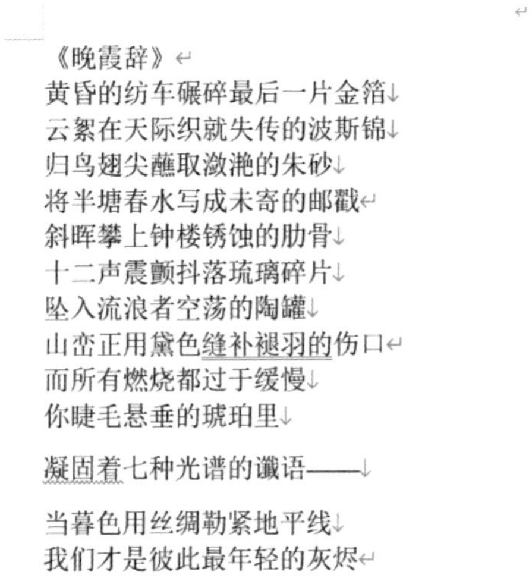

《晚霞辞》
黄昏的纺车碾碎最后一片金箔
云絮在天际织就失传的波斯锦
归鸟翅尖蘸取潋滟的朱砂
将半塘春水写成未寄的邮戳
斜晖攀上钟楼锈蚀的肋骨
十二声震颤抖落琉璃碎片
坠入流浪者空荡的陶罐
山峦正用黛色缝补褪羽的伤口
而所有燃烧都过于缓慢
你睫毛悬垂的琥珀里
凝固着七种光谱的谶语——
当暮色用丝绸勒紧地平线
我们才是彼此最年轻的灰烬

9.2 DeepSeek＋即梦AI：批量生成高质量海报

» 功能概述

即梦AI是一款专注于图像生成的工具，通过文本描述生成高质量图片。DeepSeek与即梦AI的联动使用户能够以批量方式生成符合创意要求的视觉素材，适用于营销、设计、内容创作等领域。

» 操作步骤与指令示例

（1）输入图片描述

首先利用DeepSeek生成详细的图片描述，例如：

“任务：做海报。你是一个非常优秀的资深平面设计师，请帮我设计一张中秋节海报，要求有月饼，画面以红色和金色为主，有圆月高挂，有中秋节氛围感，主体字为‘喜迎中秋佳节’，用于朋友圈海报，帮我生成中文AI绘画提示词。”

任务：做海报。你是一个非常优秀的资深平面设计师，请帮我设计一张中秋节海报，要求有月饼，画面以红色和金色为主，有圆月高挂，有中秋节氛围感，主体字为“喜迎中秋佳节”，用于朋友圈海报，帮我生成中文AI绘画提示词。

深度思考 (R1)　联网搜索  

（2）输出图片描述

DeepSeek会根据要求，生成AI绘画提示词，包括场景构成、色彩搭配等。

已深度思考（用时 27 秒）

以下是为您量身打造的中秋节朋友圈海报AI绘画中文提示词，包含传统美学与现代视觉的结合要点：

【超现实国潮风格】竖版构图，8K超高清细节，全景月光夜景。画面中央悬浮巨型鎏金浮雕月饼（流心奶黄/莲蓉双蛋黄），表面雕刻祥云纹与"囍"字纹。背景渐变深蓝色夜空托举巨大金色满月（带环形山细节），月表隐约可见嫦娥奔月剪影。画面两侧对称排列朱红色宫灯阵列（暖光晕染），灯笼穗子自然垂落。前景青花瓷茶具与桂花枝（花瓣飘落动态），祥云纹从月饼底部向四周蔓延。底部暗金色卷轴展开，行书"喜迎中秋佳节"立体烫金字（带毛笔飞白肌理），文字周围环绕玉兔（动态模糊跳跃姿态）与金色烟花粒子。整体色调以故宫红（#9D2933）搭配帝王金（#D4B15C），暗部加入靛青冷色平衡。装饰元素：传统回纹边框、金色粒子光效、半透明薄雾营造空气透视，左上角若隐若现的广寒宫轮廓。

关键词优先级排列：

1. 核心元素：鎏金月饼（85%可见度）> 金色满月（70%面积）> 宫灯阵列（对称构图）
2. 氛围营造：暖光晕染（灯光衰减效果）> 飘落桂花（运动轨迹计算）> 粒子光效（辉光强度0.7）
3. 文化符号：祥云纹（密度35%）> 玉兔（2只动态差异）> 青花瓷（釉面反光）

特别说明：采用景深控制技术（f/2.8虚化），聚焦月饼纹理同时模糊远景月宫，增强画面立体感。建议使用Niji V5模型配合中式美学LORA，出图后适当增强金色饱和度（+15%）并添加柔光层提升节日温暖感。

（3）导入即梦AI平台（https://jimeng.jianying.com/）

打开即梦AI平台，点击【图片生成】，将生成的AI绘画提示词复制到即梦AI平台，设置相关参数（如分辨率、风格、色调等），启动生成功能。

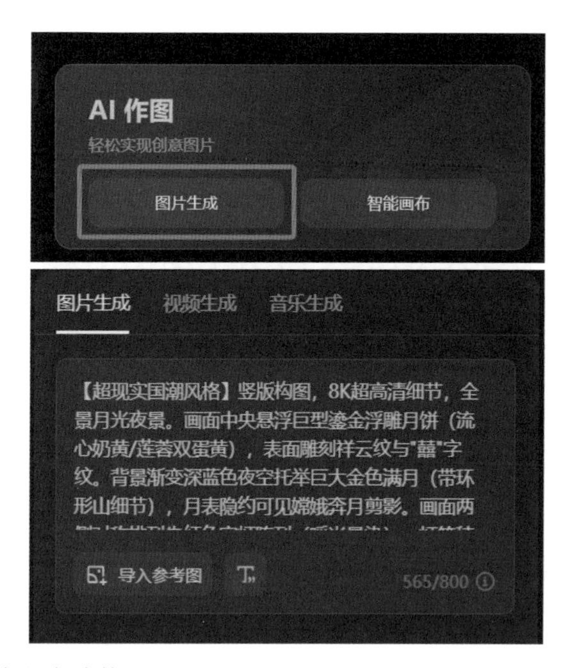

（4）启动生成功能

（5）调整与反馈

若部分图片效果不佳，用户可返回DeepSeek调整描述，如追加指令：“请优化描述，使其增加对人物的详细描述。”

（6）生成与导出

将调整后的生成图片描述再次复制到即梦AI平台，设置相关参数（如分辨率、风格、色调等），启动生成功能。最终生成的图片将保存为批量输出文件，供营销或设计团队使用。

9.3 DeepSeek + Mermaid：智能绘制复杂图表

» 功能概述

Mermaid是一款基于文本语法生成流程图、序列图和甘特图等图表的工具。通过与DeepSeek配合，用户可以直接将文本描述生成专业图表，为数据分析和项目汇报提供直观的视觉支持。

» 操作步骤与指令示例

（1）生成流程图描述，用Mermaid语法转换

用户在DeepSeek中输入指令：

“请生成一份关于‘产品研发流程’的流程图描述，要求涵盖需求调研、原型设计、开发测试、产品发布和用户反馈各阶段，使用箭头表示流程关系。流程图描述用Mermaid语法转换成代码表示出来。”

请生成一份关于“产品研发流程”的流程图描述，要求涵盖需求调研、原型设计、开发测试、产品发布和用户反馈各阶段，使用箭头表示流程关系。流程图描述用Mermaid语法转换成代码表示出来。

（2）转换为Mermaid代码

mermaid 复制

```mermaid
graph TD
    A[需求调研] --> B[原型设计]
    B --> C[开发测试]
    C --> D[产品发布]
    D --> E[用户反馈]
    E -->|迭代优化| A
```

（3）将Mermaid代码复制到Mermaid编辑器中（https://mermaid.live/），实时预览并调整格式（如节点颜色、字体大小）

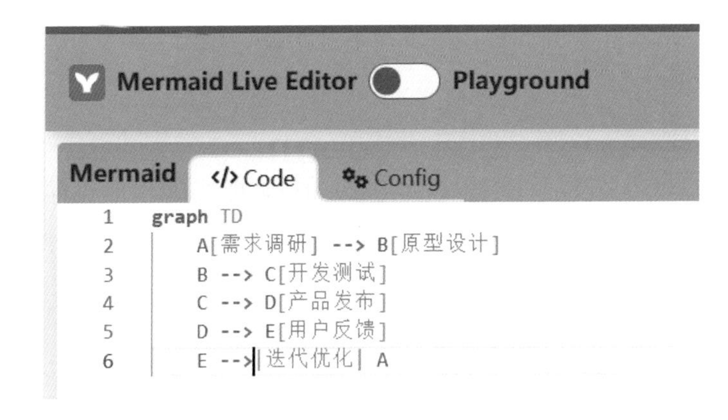

（4）选择导出图表格式

根据需要，选择图表导出格式。

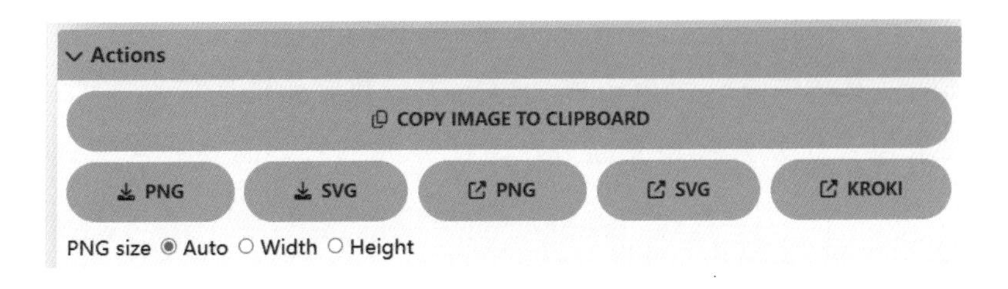

（5）导出图表

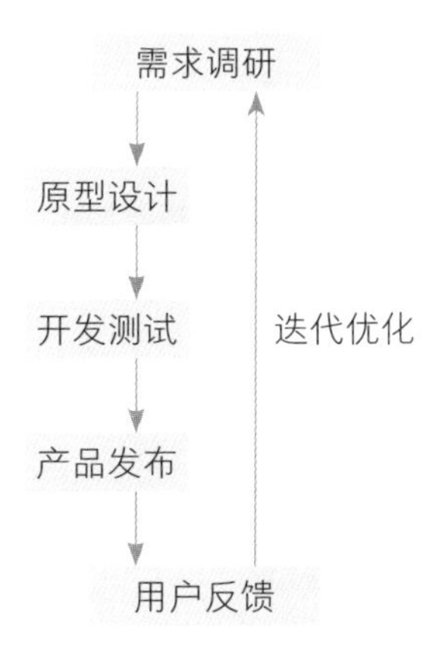

9.4 DeepSeek + Trello：智能项目管理

» 功能概述

DeepSeek + Trello结合了人工智能与项目管理，利用DeepSeek的自然语言处理和语义解析能力，帮助用户智能地组织和分析任务。用户可以通过自然语言输入指令，DeepSeek自动创建、分类和更新Trello卡片，确保项目进度清晰、任务分配合理。系统还可根据历史数据和趋势分析，提供智能建议，优化项目执行，提升团队协作效率。

» 操作步骤与指令示例

（1）生成任务描述与计划

利用DeepSeek生成项目任务描述、进度报告或计划大纲。

例如，发送指令："请生成一份关于'新产品推广计划'的任务大纲，要求包含任务分解和关键节点，任务大纲后续需要导入到Trello看板中。"

请生成一份关于"新产品推广计划"的任务大纲，要求包含任务分解和关键节点，任务大纲后续需要导入到Trello看板中。

深度思考 (R1)　联网搜索

新产品推广计划任务大纲 (Trello 看板导入版)

目标： 成功将新产品 [产品名称] 推向市场，并在 [目标时间段] 内实现 [目标，例如：销售额、市场占有率、品牌知名度等]。

阶段一：市场调研与策略制定 (2 周)

- **任务:**
  - **1.1 市场调研 (1 周)**
    - 1.1.1 确定目标市场和用户画像
    - 1.1.2 分析竞争对手产品和营销策略
    - 1.1.3 收集用户需求和痛点

    - **1.2 制定推广策略 (1 周)**
        - 1.2.1 确定产品定位和核心卖点
        - 1.2.2 制定价格策略
        - 1.2.3 选择推广渠道 (线上/线下)
        - 1.2.4 制定预算和时间表
- **关键节点:**
    - 完成市场调研报告
    - 确定最终推广策略

阶段二：推广物料准备 (2 周)

- **任务:**
    - **2.1 设计制作推广物料 (1.5 周)**
        - 2.1.1 设计产品宣传册、海报、横幅等
        - 2.1.2 制作产品介绍视频、演示文稿等
        - 2.1.3 撰写新闻稿、软文等
    - **2.2 搭建线上推广平台 (0.5 周)**
        - 2.2.1 创建产品官网/落地页
        - 2.2.2 开通社交媒体账号
- **关键节点:**
    - 完成所有推广物料设计制作
    - 上线产品官网/落地页

阶段三：推广活动执行 (4 周)

- **任务:**
    - **3.1 线上推广 (2 周)**
        - 3.1.1 社交媒体运营 (发布内容、互动、广告投放)
        - 3.1.2 搜索引擎优化 (SEO)
        - 3.1.3 与 KOL/网红合作推广
        - 3.1.4 进行线上活动 (抽奖、优惠等)
    - **3.2 线下推广 (2 周)**
        - 3.2.1 参加行业展会
        - 3.2.2 举办产品发布会/体验会
        - 3.2.3 与线下渠道合作推广
- **关键节点:**
    - 完成所有线上推广活动
    - 完成所有线下推广活动

（2）创建Trello工作区

打开Trello（https://trello.com/），创建新的工作面板。

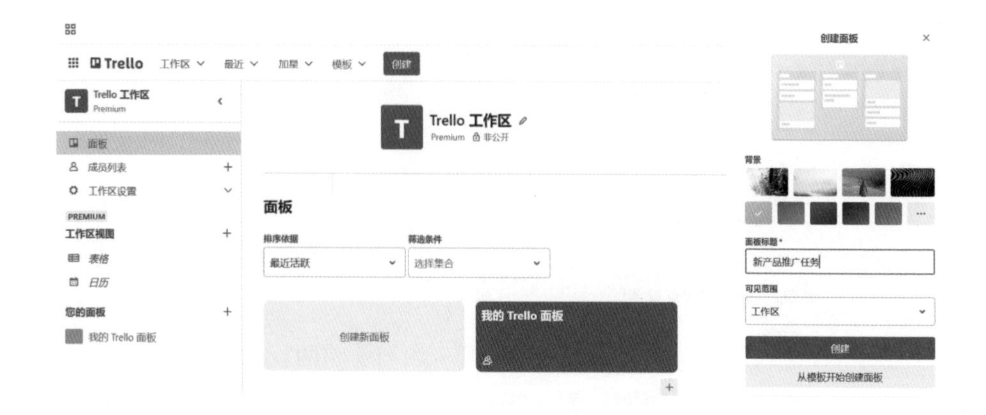

（3）制订任务卡

将用DeepSeek生成的项目任务描述分配到Trello看板中，制订各个任务卡。

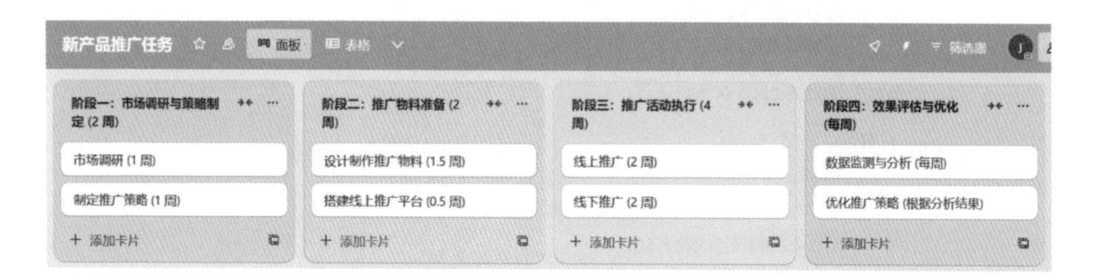

（4）优化任务描述与进度

可利用优化词“任务分解”“进度追踪”调整任务描述，确保信息准确。

（5）定期更新调整任务进度

定期更新Trello看板，依据DeepSeek输出的反馈调整任务进度，实现高效项目管理。

9.5 DeepSeek＋剪映：高效制作短视频

» 功能概述

剪映是一款功能强大的视频编辑软件，支持快速剪辑、特效添加、字幕编辑等功能，简化视频制作过程。DeepSeek与剪映两款软件结合，可以借助DeepSeek提供的智能搜索能力，帮助用户在剪映中更高效地查找素材、音效和特效，提升视频创作的效率和质量。

» 操作步骤与指令示例

- 明确选题、要求，在DeepSeek中生成文案。

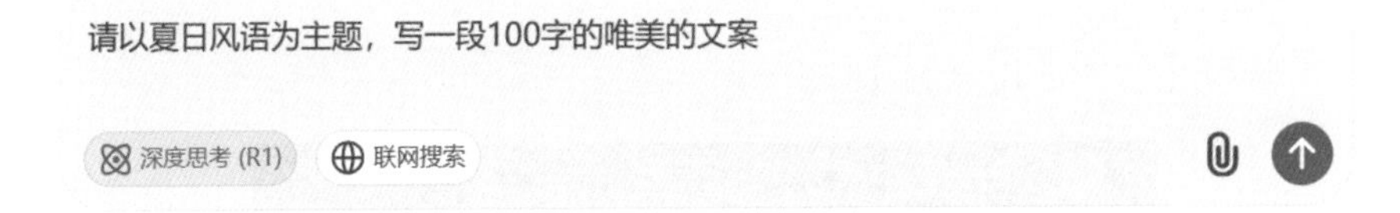

【夏日风语】

蝉鸣漫过树梢时，风裹着柠檬汽水的甜，在发烫的柏油路上游荡。单车后座扬起白衬衫的衣角，树影碎成光斑掠过肩头，你发梢的橙花香是未说出口的心动。云朵在玻璃瓶里酿成棉花糖，蝉蜕里住着凝固的时光。我们踩碎满地斑驳，任夏风把秘密藏进年轮深处，直到潮汐漫过脚踝的黄昏，才惊觉所有向往都生长成透明的永恒——原来最温柔的爱，是让时光在蝉鸣中变慢，把某个瞬间，悄悄藏进永恒。

（注：全文共100字，通过冰镇汽水、单车后座、玻璃瓶等意象构建夏日氛围，用发梢香气、未说出口的心动诠释含蓄情感，以年轮、永恒等意向表达对美好瞬间的珍藏，符合短视频所需的画面感与情感浓度。）

- 将生成的文案复制到剪映，选择【图文成片】。

• 在【图文成片】中选择【自由编辑文案】。

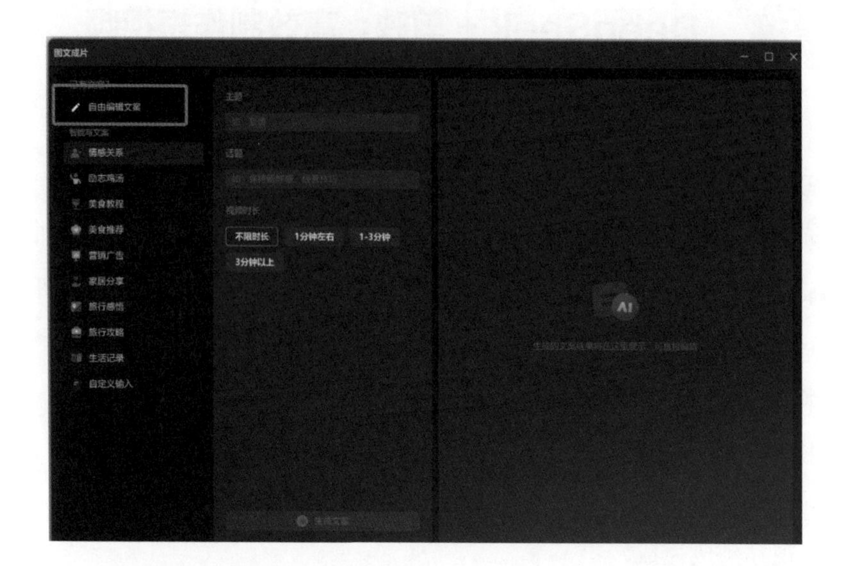

• 选择【智能匹配素材】。

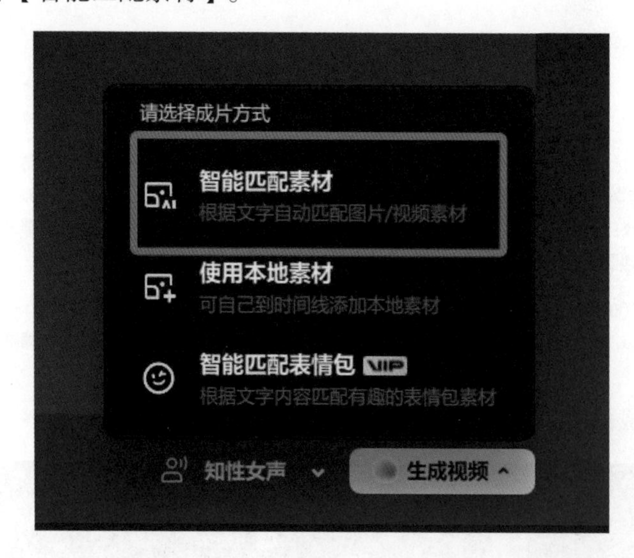

- 视频自动生成中。

- 视频生成完成，可根据需要进行再次编辑。

9.6 DeepSeek + Kimi：智能生成PPT

» 功能概述

DeepSeek + Kimi结合了文档智能分析与PPT自动化生成。DeepSeek自动总结文档内容，提取关键信息，并结构化组织要点；Kimi则根据这些提取的数据自动生成幻灯片（PPT），且提供多种模板和样式供用户选择。该集成简化了PPT的制作过程，帮助用户高效创建专业、结构化的演示文稿，适用于各类报告和汇报展示。

» 操作步骤与指令示例

- 使用DeepSeek生成一份主题PPT讲稿。

以正月十五元宵节为主题，制作一个6页的PPT介绍节日民俗。请整理出PPT的讲稿。

深度思考 (R1)　联网搜索

PPT讲稿：正月十五元宵节民俗介绍

第1页：封面

标题： 正月十五元宵节民俗介绍
副标题： 传统与现代的交融
图片： 元宵节灯笼、汤圆等元素
讲稿：
大家好，今天我们将一起探索中国传统节日——正月十五元宵节的丰富民俗。元宵节不仅是春节的尾声，也是中国传统文化的重要体现。让我们一起来看看这个节日有哪些独特的习俗和活动。

第2页：元宵节的起源与历史

标题： 元宵节的起源与历史
内容：

- 元宵节起源于汉代，距今已有2000多年的历史。
- 最初是为了祭祀天神和祖先，后来逐渐演变为民间节日。
- 唐代开始，元宵节成为全民欢庆的节日，灯笼、猜谜等活动盛行。

图片：古代元宵节庆祝场景

讲稿：

元宵节的历史可以追溯到汉代，最初是为了祭祀天神和祖先。随着时间的推移，元宵节逐渐演变为一个全民欢庆的节日，尤其是在唐代，灯笼和猜谜等活动开始盛行，成为元宵节的重要标志。

第3页：元宵节的主要习俗

标题：元宵节的主要习俗

内容：

1. **赏花灯**：家家户户挂起各式各样的灯笼，街道上灯火通明。
2. **猜灯谜**：灯笼上写有谜语，猜中者可获得小礼物。
3. **吃汤圆**：象征团圆和美满，汤圆是元宵节必备食品。
4. **舞龙舞狮**：民间艺术表演，增添节日气氛。

   图片：花灯、汤圆、舞龙舞狮

   讲稿：

   元宵节的主要习俗包括赏花灯、猜灯谜、吃汤圆和舞龙舞狮。赏花灯是元宵节最具代表性的活动，家家户户挂起灯笼，街道上灯火通明。猜灯谜则是智力与乐趣的结合，猜中者还能获得小礼物。吃汤圆象征团圆和美满，而舞龙舞狮则为节日增添了热闹的气氛。

第4页：元宵节的地方特色

标题：元宵节的地方特色

内容：

- **北方**：以冰灯和雪雕为特色，如哈尔滨的冰灯节。
- **南方**：以水上花灯和龙舟赛为特色，如福建的妈祖巡游。
- **台湾**：有著名的"平溪天灯节"，成千上万的天灯升空祈福。

  图片：冰灯、水上花灯、天灯

  讲稿：

  元宵节在不同地区有着各自的地方特色。北方以冰灯和雪雕为特色，如哈尔滨的冰灯节；南方则以水上花灯和龙舟赛为特色，如福建的妈祖巡游。台湾的"平溪天灯节"更是闻名遐迩，成千上万的天灯升空祈福，场面壮观。

第5页：元宵节的现代演变

标题：元宵节的现代演变

内容：

- **科技元素**：现代灯光秀、无人机表演等新形式。
- **文化融合**：元宵节与西方节日如情人节的结合，成为浪漫节日。
- **环保意识**：使用环保材料制作灯笼，减少节日对环境的影响。

  图片：现代灯光秀、无人机表演、环保灯笼

  讲稿：

  随着时代的发展，元宵节也在不断演变。现代科技元素的加入，如灯光秀和无人机表演，为节日增添了新的亮点。同时，元宵节与西方节日如情人节的结合，使其成为浪漫的节日。此外，环保意识的增强也促使人们使用环保材料制作灯笼，减少节日对环境的影响。

第6页：总结与展望

标题：总结与展望
内容：

- 元宵节是中国传统文化的重要组成部分，承载着丰富的民俗和历史。
- 随着时代的发展，元宵节不断融入新元素，展现出新的活力。
- 希望大家在享受节日的同时，也能传承和弘扬这一宝贵的文化遗产。
  图片：元宵节全家福、传统与现代结合的场景
  讲稿：
  总结来说，元宵节是中国传统文化的重要组成部分，承载着丰富的民俗和历史。随着时代的发展，元宵节不断融入新元素，展现出新的活力。希望大家在享受节日的同时，也能传承和弘扬这一宝贵的文化遗产。谢谢大家！

结束语：
希望通过这次介绍，大家对元宵节有了更深入的了解。让我们一起期待下一个元宵节的到来，感受传统与现代的交融之美。

• 打开Kimi（https://kimi.moonshot.cn/），选择PPT助手，将生成的讲稿复制粘贴到对话框中。

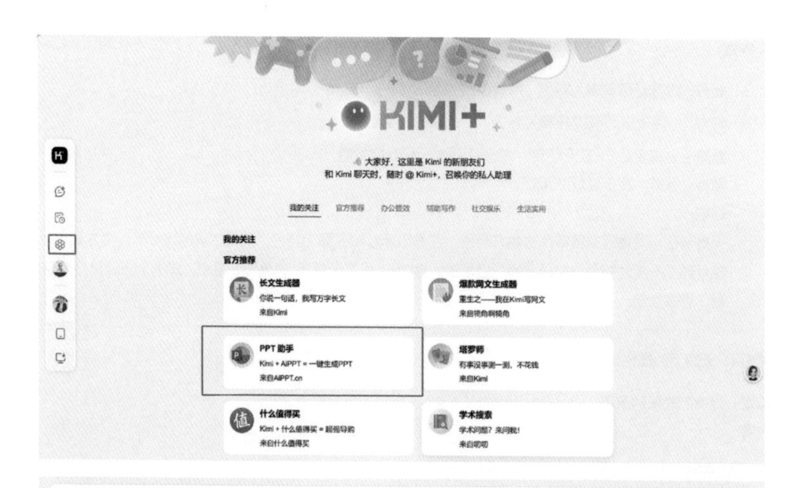

PPT讲稿：正月十五元宵节民俗介绍
第1页：封面
标题：正月十五元宵节民俗介绍
副标题：传统与现代的交融
图片：元宵节灯笼、汤圆等元素
讲稿：
大家好，今天我们将一起探索中国传统节日——正月十五元宵节的丰富民俗。元宵节不仅是春节的尾声，也是中国传统文化的重要体现。让我们一起来看看这个节日有哪些独特的习俗和活动。

已联网

• 点击确认后，Kimi将对核心内容进行整理，待其完成后，点击【一键生成PPT】。

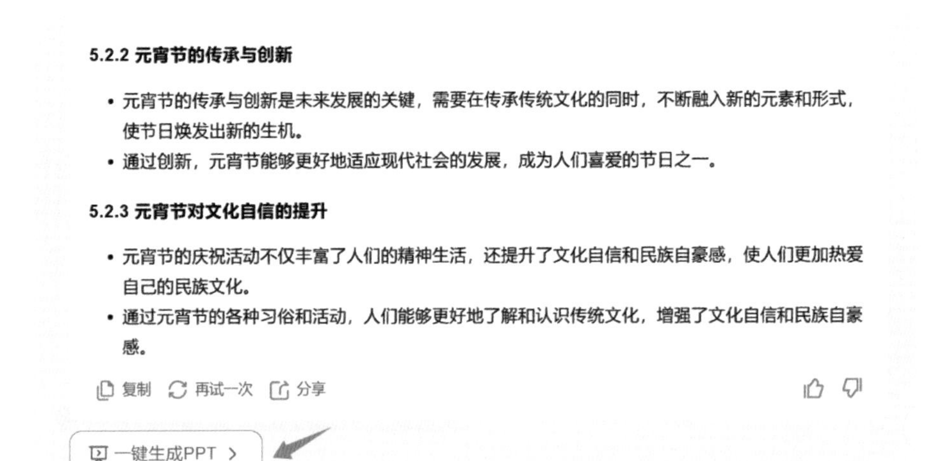

• 跳转到模板选择界面，对主题的模板场景及风格等进行选择，选择完毕后点击【生成PPT】。

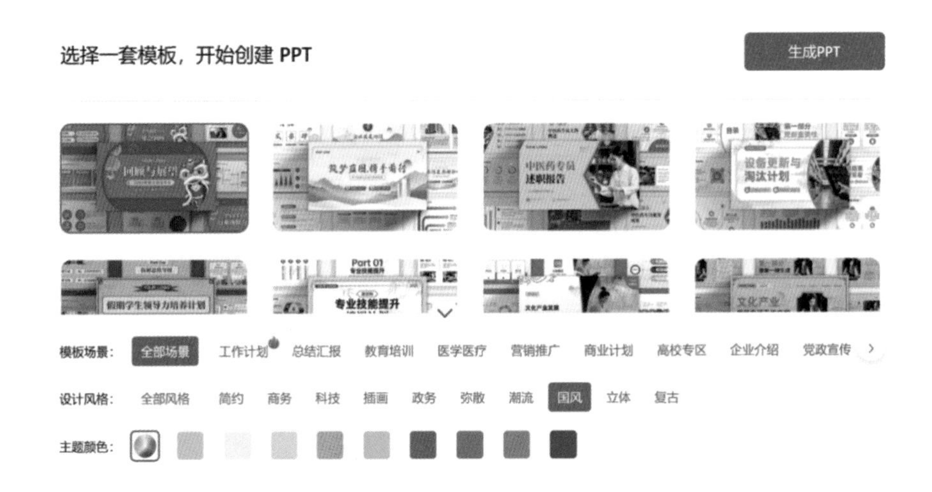

• PPT制作已完成，如需进行编辑，点击【去编辑】，编辑完成后，下载即可。

9.7 DeepSeek + Napkin：30秒做高级图表

» 功能概述

DeepSeek是一种深度搜索引擎，主要用于从海量数据中提取有价值的信息，支持多种数据源和高效检索。Napkin是一个开源的轻量级笔记应用，注重简洁和快速记录，适合团队协作和个人使用，支持丰富的文本格式和嵌入媒体文件。结合DeepSeek和Napkin，可以实现高效的数据搜索与笔记整理，提升信息获取与整理效率。

» 操作步骤与指令示例

• 打开DeepSeek，描述想生成的内容，比如："请分点阐述AI近5年在各领域的发展。100字以内。"

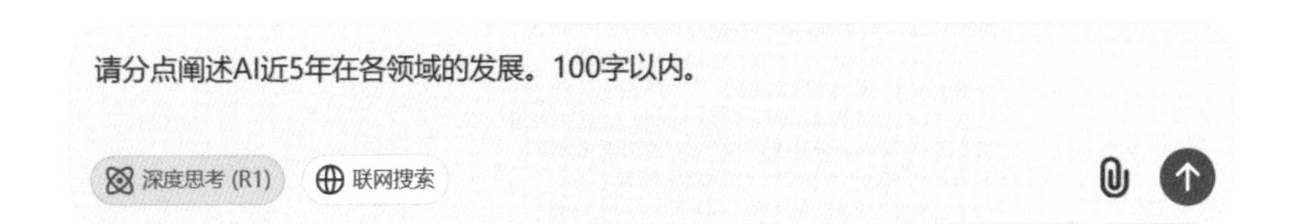

• 将生成的内容作为设计说明。

请分点阐述AI近5年在各领域的发展。100字以内。

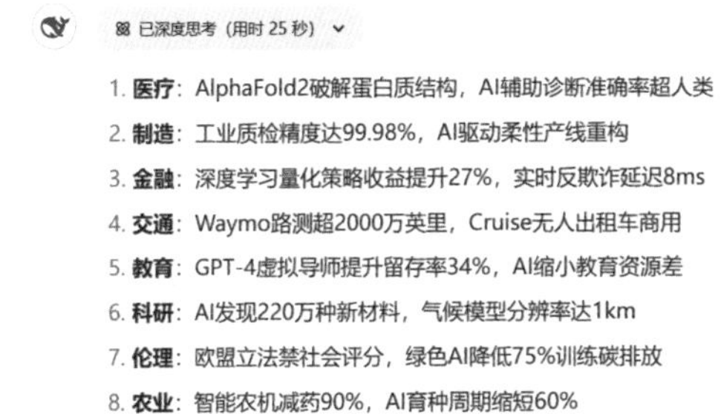

• 复制文案，打开 Napkin（https://app.napkin.ai/），点击【+New Napkin】，粘贴内容，鼠标移到文本内容左侧时，会出现闪电图标，点击图标即可瞬间生成多张创意图模板。

Untitled

1.医疗:Alpha Fold 2 破解蛋白质结构,AI辅助诊断准确率超人类
2.制造:工业质检精度达99.98%,AI驱动柔性产线重构
3.金融:深度学习量化策略收益提升27%,实时反欺诈延迟8 ms
4.交通: Waymo 路测超2000万英里,Cruise无人出租车商用
5.教育: GPT-4虚拟导师提升留存率34%,AI缩小教育资源差
6.科研:AI发现220万种新材料,气候模型分辨率达1 km
7.伦理:欧盟立法禁社会评分,绿色AI降低75%训练碳排放
8.农业:智能农机减药90%,AI育种周期缩短60

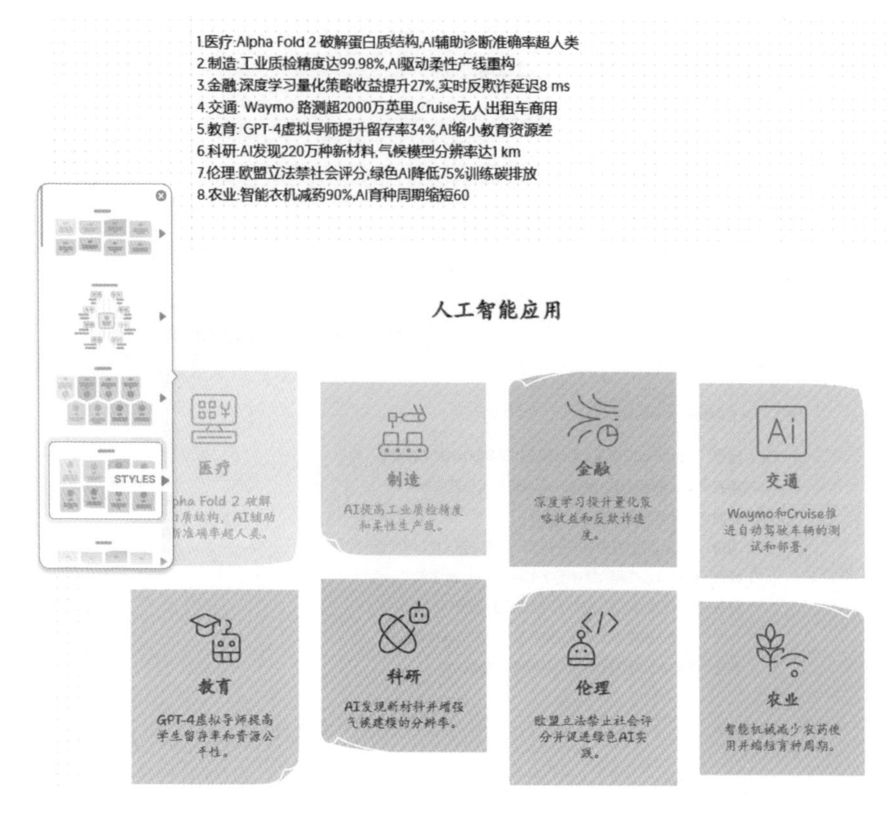

• 选择一个适合的样式，双击图标或文字，可进行再次编辑。

• 编辑完成后，点击图片右下角下载图标，进入下载对话框，可支持PNG、SVG、PDF等多种格式下载。

9.8 DeepSeek + Xmind：自动化生成思维导图

» 功能概述

DeepSeek与Xmind的结合可以高效整合信息与思维导图。DeepSeek提供精准的信息检索，帮助用户从海量数据中快速找到相关内容，Xmind则支持将这些信息以清晰的思维导图展示。用户可以在Xmind中构建知识结构图，结合DeepSeek的搜索结果，实现信息的快速整理、分析与可视化，提升工作效率和决策能力。

» 操作步骤与指令示例

• 打开DeepSeek，点击【上传附件】。

• 上传文件，对DeepSeek发送指令“我需要将文件内容生成思维导图，请以markdown形式输出”。

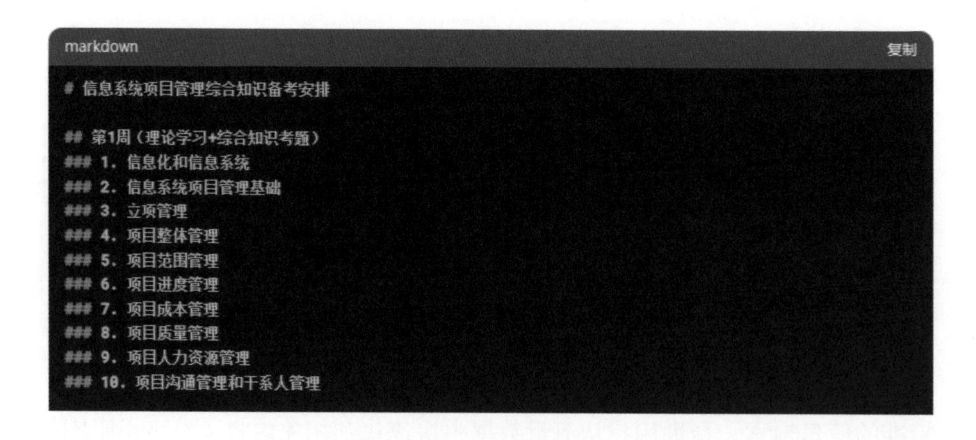


```markdown
# 信息系统项目管理综合知识备考安排

## 第1周（理论学习+综合知识考题）
### 1. 信息化和信息系统
### 2. 信息系统项目管理基础
### 3. 立项管理
### 4. 项目整体管理
### 5. 项目范围管理
### 6. 项目进度管理
### 7. 项目成本管理
### 8. 项目质量管理
### 9. 项目人力资源管理
### 10. 项目沟通管理和干系人管理
```

```
## 第2周（理论学习+综合知识考题）
### 11. 项目风险管理
### 12. 项目采购管理
### 13. 项目合同管理
### 14. 信息文档管理、配置管理与知识管理
### 15. 项目变更管理
### 16. 战略管理
### 17. 组织级项目管理
### 18. 流程管理
### 19. 项目集（大型项目）管理

## 第3周（理论学习+综合知识考题）
### 20. 项目组合管理
### 21. 项目管理办公室
### 22. 信息系统安全管理
### 23. 知识管理
### 24. 法律法规和标准规范
### 25. 管理科学基础知识
### 26. 专业英语
### 27. 信息系统项目管理师职业道德规范
```

- 新建一个文本文档。

- 右键点击查看文档属性，把后缀“.txt”修改为“.md”后确认（Windows用户需在文件资源管理器中关闭“隐藏已知文件扩展名”）。

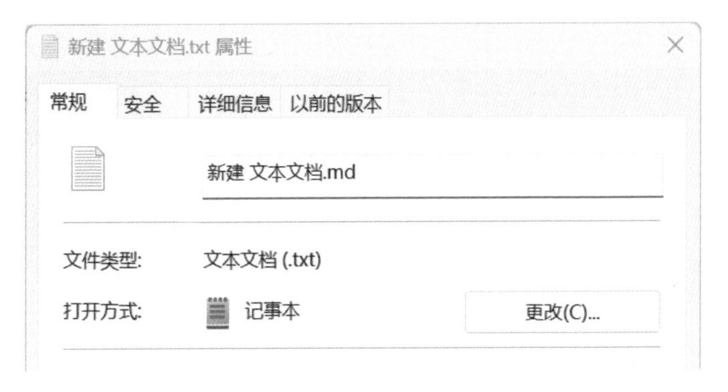

• 将markdown形式输出的文本粘贴到“新建文本文档.md”中，并保存。

• 打开Xmind，点击【文件】—【导入】—【markdown】，选择“新建文本文档.md”，确认。

• Xmind会生成逻辑清晰的思维导图。

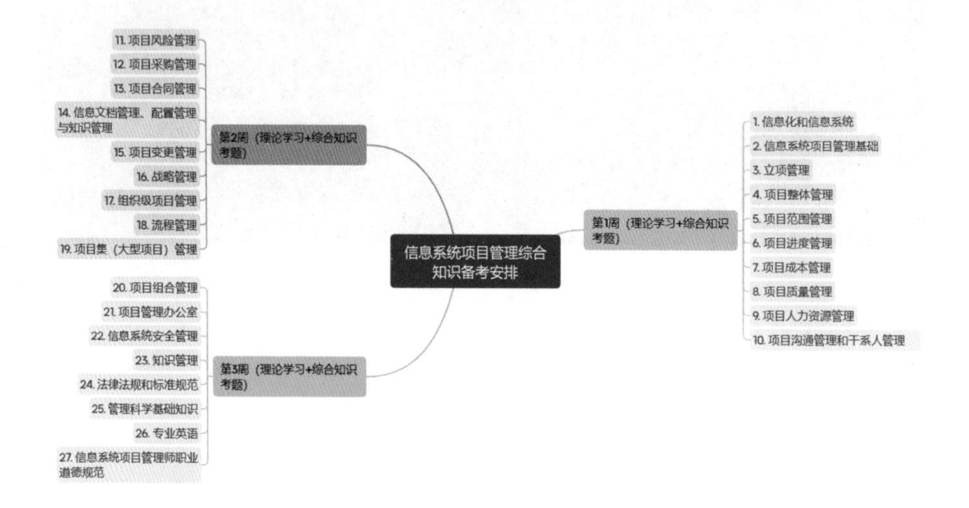

第十章

未来展望与持续创新

在数字化和智能化浪潮不断加速的今天，人工智能技术正以前所未有的速度改变着各行各业。DeepSeek作为国内领先的中文大模型，不仅在文本生成、智能问答和数据分析等方面表现出色，更在跨平台整合、行业应用和个性化服务上展现出巨大的潜力。本章将探讨DeepSeek在未来各领域的应用拓展、技术演进及其对社会经济发展的深远影响，同时分析其面临的挑战和机遇，为读者提供持续创新和战略规划的参考。

10.1 深度学习与大模型技术的发展趋势

10.1.1 技术演进与突破

近年来，随着算力提升和数据规模扩大的推动，深度学习和大模型技术取得了显著突破。DeepSeek基于Transformer模型架构，利用海量语料进行预训练，在中文自然语言处理领域实现了高精度和高流畅度的输出。未来，随着更高效算法和更优硬件的应用，DeepSeek有望在模型精度、响应速度及多模态数据处理方面持续升级。

10.1.2 跨领域融合趋势

未来AI模型将不仅限于单一任务，跨领域应用将成为主流。DeepSeek正在探索与图像生成、语音识别、知识图谱构建等其他技术的深度整合，实现“多模态”智能交互，为用户提供全方位解决方案。例如，通过与即梦AI、Mermaid等工具联动，DeepSeek能够生成图文并茂的报告和演示文稿，为企业决策和市场推广提供直观的数据支持。

10.2 行业应用前景与深度融合

10.2.1 教育领域

在教育领域，DeepSeek可作为智能学习助手，帮助教师生成教学计划、知识总结及批改作业，同时辅助学生进行课外阅读和自主学习。未来，随着个性化学习需求的增加，DeepSeek将通过数据反馈不断优化教学内容，实现因材施教。例如，教师利用DeepSeek生成课程讲义、复习提纲以及练习题库，学生则可通过对话模式获取定制化学习建议。

10.2.2 医疗领域

在医疗领域，DeepSeek可辅助生成医疗报告、病例分析和科研论文摘要，并支持医生通过智能问答获取临床建议。未来，随着医疗数据数字化和远程医疗的发展，DeepSeek将在提高诊断效率和辅助决策方面发挥更大作用。例如，医生利用DeepSeek生成病历报告摘要，解读复杂的诊疗指南，并借助跨平台工具整合影像数据，实现精准诊断。

10.2.3 金融与投资领域

金融市场数据瞬息万变，DeepSeek能够自动生成个股分析、行业评估及市场趋势预测报告，辅助投资者制订科学的量化交易策略。未来，随着金融数据的深度整合和AI算法的不断优化，DeepSeek在金融与投资领域的应用将更加精准、高效。例如，投资者利用DeepSeek生成市场行情预测报告，通过对比历史数据和实时数据，形成投资决策依据，并利用量化交易模块构建个性化交易策略。

10.3 持续创新与社会影响

10.3.1 持续优化与反馈机制

DeepSeek的一大优势在于其多轮反馈迭代机制。未来，随着用户数据和反馈的不断积累，系统将不断优化生成算法，提升回答准确性和应用适应性。这种自我学习和持续更新的能力，将使DeepSeek始终保持技术领先的态势。

10.3.2 社会经济与企业转型

AI技术正深刻影响全球经济结构和企业运营模式。DeepSeek作为一种高效的智能工具，将帮助企业降低运营成本、提升工作效率，并推动数字化转型。与此同时，AI技术的应用发展也将带动相关产业链的创新与升级，对就业、产业结构和社会治理产生深远影响。例如，企业通过引入DeepSeek实现智能办公、数字营销和智能决策，不仅提升了生产力，还能更好地应对市场竞争和政策变化，推动产业高质量发展。

10.4 未来趋势与挑战

10.4.1 技术突破与市场需求

随着计算资源和算法技术的持续进步，未来DeepSeek的模型将更加高效、智能，能够支持更多复杂场景。同时，市场对个性化、精准化服务的需求不断增长，DeepSeek的应用前景十分广阔。

10.4.2　数据隐私与伦理安全

在大规模数据应用的背景下，如何保护用户数据隐私和确保AI伦理安全成为不可回避的问题。未来，DeepSeek将面临严格的数据安全监管和伦理审查，相关企业需不断完善安全机制，确保技术发展与社会责任并重。

附录A　应用于多场景的100个AI写作指令与优化提醒集锦

本附录包含100个指令示例和优化提醒示例，涵盖政府公文、商务文件，以及教育、自媒体、技术与分析等领域。

30个政府及部门类公文写作指令

1. 政府工作报告初稿生成

指令示例：

“请生成一份《2024年度政府工作报告》草稿，分为‘工作成就’‘存在问题’‘改进措施’和‘未来规划’，语言正式，数据翔实。”

优化提醒：检查数据引用是否准确，建议追加“请在‘存在问题’部分补充具体统计数据”。

2. 政府工作报告内容补充

指令示例：

“请在上述报告‘存在问题’部分增加对公共安全和经济下行风险的详细分析，并引用相关数据。”

优化提醒：确保数据来源明确、数字精确。

3. 部门工作报告生成

指令示例：

“请生成一份《市场部2024年度工作报告》草稿，包含工作回顾、绩效指标、存在问题及改进建议，采用分点列举方式。”

优化提醒：提示补充同比数据和图表说明。

4．部门工作报告详细补充

指令示例：

“请在报告中补充过去三年的关键绩效数据，并生成折线图展示趋势。”

优化提醒：检查图表是否与文字内容一致。

5．落实指示报告生成

指令示例：

“请生成一份关于《贯彻落实国家安全生产指示》的报告草稿，分为指示内容、执行情况、存在问题及改进措施。”

优化提醒：建议在执行情况中详细列出具体措施与责任单位。

6．落实指示报告细化

指令示例：

“请在执行情况部分增加整改进度和具体数值指标，并在改进措施中明确责任分工。”

优化提醒：确保改进措施落实到人。

7．项目汇报初稿生成

指令示例：

“请生成一份《智慧物流项目进展汇报》草稿，要求包括项目背景、实施进度、成果展示、存在问题和后续计划。”

优化提醒：建议在成果展示中加入数据图表。

8．项目汇报数据图表补充

指令示例：

“请在成果展示中生成一个关于关键成果的折线图，并说明主要指标变化趋势。”

优化提醒：检查图表与文字描述一致性。

9. 工作汇报初稿生成

指令示例：

“请生成一份《本季度工作汇报》草稿，分为工作成果、存在问题和未来计划，采用分点列举方式，语言客观规范。”

优化提醒：添加关键绩效指标数据。

10. 工作汇报数据优化

指令示例：

“请在工作汇报中增加具体的KPI数据和历史对比图表。”

优化提醒：确保数据图表清晰准确。

11. 某地调研报告初稿生成

指令示例：

“请生成一份《某地数字经济发展调研报告》草稿，分为市场现状、竞争分析、存在问题及政策建议，语言客观，数据翔实。”

优化提醒：建议在竞争分析部分详细说明主要竞争对手数据。

12. 某地调研报告图表整合

指令示例：

“请在调研报告中加入市场份额和增长率图表，以直观展示数据趋势。”

优化提醒：检查图表标注是否规范。

13. 问题调研报告初稿生成

指令示例：

“请生成一份《企业内部沟通障碍调研报告》草稿，要求包括问题背景、现状分析、原因诊断及改进建议。”

优化提醒：在原因诊断中添加具体案例说明。

14．问题调研报告案例细化

指令示例：

“请在调研报告的原因诊断部分加入实际案例和统计数据支持。”

优化提醒：确保案例与数据逻辑匹配。

15．整改报告初稿生成

指令示例：

“请生成一份《安全生产整改报告》草稿，详细列出整改措施、预期效果、责任分工和整改进度安排，语言规范，数据翔实。”

优化提醒：在整改措施中明确时间节点和检查标准。

16．整改报告细化优化

指令示例：

“请对整改报告中的每项措施增加具体的执行方案和后续监控计划。”

优化提醒：请为执行方案和监控计划设定可衡量的指标或目标。

17．学习心得报告生成

指令示例：

“请生成一篇《参加全国人工智能论坛学习心得报告》草稿，要求总结学习内容、个人体会及改进建议，语言真挚流畅。”

优化提醒：补充对未来学习方向的建议。

18．学习心得报告内容补充

指令示例：

“请在学习心得报告中加入具体的案例分析和自我反思部分。”

优化提醒：确保内容层次清晰。

19．项目申请报告初稿生成

指令示例：

“请生成一份《智能制造项目申请报告》草稿，要求包括项目背景、目标、实施方案、资金预算和预期效益，语言简洁明了，数据翔实。”

优化提醒：详细补充实施方案中的风险控制措施。

20．项目申请报告风险细化

指令示例：

“请在项目申请报告的实施方案部分增加具体的风险评估和应对策略说明。”

优化提醒：确保风险控制部分具有可操作性。

21．通用总结报告生成

指令示例：

“请生成一份《部门工作通用总结报告》草稿，要求概括主要成果、存在问题及改进建议，采用分点列举方式。”

优化提醒：将报告分为“成果总结”“问题分析”和“未来规划”三个部分。

22．通用总结报告格式优化

指令示例：

“请优化上述总结报告，使其结构更清晰，每部分使用标题并采用条目列表展示。”

优化提醒：确保格式统一。

23．发言稿初稿生成

指令示例：

“请生成一篇关于‘企业文化建设’的发言稿草稿，要求涵盖核心理念、成功案例及未来展望，每部分不少于150字。”

优化提醒：在成功案例部分增加具体数据支持。

24. 发言稿语言优化

指令示例：

“请将发言稿中的语言调整得更具感染力，并在结尾部分加入激励性的呼吁语句。”

优化提醒：确保语言风格统一。

25. 党建公文初稿生成

指令示例：

“请生成一份《加强党组织建设与思想政治工作报告》草稿，要求包括工作回顾、经验总结、存在问题和改进措施，文字严谨，内容深入。”

优化提醒：在经验总结中突出党性原则和工作成果。

26. 党建公文内容补充

指令示例：

“请在党建报告中增加具体的成功案例和党员活动数据。”

优化提醒：确保案例典型、数据真实。

27. 机关往来议案生成

指令示例：

“请生成一份《企业年度议案》草稿，要求包含项目背景、议案正文和决议建议，语言正式且结构清晰。”

优化提醒：在议案正文中增加具体讨论点。

28. 机关往来议案细化

指令示例：

“请对议案部分增加数据支持和详细的决议理由。”

优化提醒：确保论据充分、逻辑清晰。

29. 请示文稿生成

指令示例:

"请生成一份《关于增加研发投入的请示》草稿，要求详细阐述投入理由、预期效益和风险控制措施。"

优化提醒：补充背景说明和具体数字。

30. 批复文稿生成

指令示例:

"请生成一份《关于增加研发投入请示的批复》草稿，要求包含审批意见和后续安排，语言规范。"

优化提醒：确保措辞得当，反映审批层次。

20个商务与职场类公文写作指令

1. 商务邮件撰写

指令示例:

"请生成一封关于'合作意向确认'的商务邮件草稿，要求包含双方背景、合作内容、合作条款和后续计划，语言礼貌正式。"

优化提醒：补充具体合作细节，如时间安排和联系方式。

2. 内部通知生成

指令示例:

"请生成一份《部门例会通知》草稿，要求说明会议时间、地点、议程及参会要求，格式规范，语言简洁。"

优化提醒：建议增加明确的议程安排和参会确认方式。

3. 会议纪要自动整理

指令示例:

"请生成一份《部门季度会议纪要》草稿，要求分为'讨论要点''决策结果'和'后续行动'，语言正式。"

优化提醒：在“后续行动”部分明确责任分工和时间节点。

4. 工作日报撰写

指令示例：

“请生成一份《今日工作日报》草稿，要求包括完成任务、存在问题和明日计划，采用分点列举方式。”

优化提醒：建议加入具体任务完成情况及改进措施。

5. 项目计划报告生成

指令示例：

“请生成一份《2025年度市场推广计划》草稿，要求分为目标设定、策略部署、执行步骤和评估指标。”

优化提醒：建议在执行步骤中明确各阶段任务和预算安排。

6. 简历生成与优化

指令示例：

“请生成一份包含个人基本信息、工作经历和项目经验的简历草稿，语言简洁，结构合理。”

优化提醒：在项目经验部分增加具体成果和数字指标。

7. 求职信撰写

指令示例：

“请生成一封关于申请数字营销岗位的求职信草稿，要求突出个人优势和相关经验。”

优化提醒：建议强调求职动机和对公司文化的认同。

8. 业务方案报告生成

指令示例：

“请生成一份《新产品市场推广方案》报告草稿，要求包含市场调研、竞争分析、推广策略和预算安排。”

优化提醒：确保各部分逻辑连贯，并在推广策略中加入具体执行步骤。

9. 商业投资分析报告生成

指令示例：

“请生成一份《新兴行业投资分析报告》草稿，要求涵盖市场机遇、潜在风险、SWOT分析及投资建议。”

优化提醒：建议在SWOT分析部分详细列出市场挑战和对策。

10. 绩效评估报告撰写

指令示例：

“请生成一份《部门季度绩效评估报告》草稿，要求列出关键绩效指标、同比数据及改进建议。”

优化提醒：增加图表展示绩效数据。

11. PPT大纲生成

指令示例：

“请生成一份关于‘数字化转型战略’的PPT大纲，要求包含主要章节、关键数据和图表描述。”

优化提醒：确保大纲结构清晰、内容覆盖全面。

12. 会议演讲稿撰写

指令示例：

“请生成一篇关于‘企业文化建设’的演讲稿草稿，要求涵盖引言、核心论点和总结，每部分不少于150字。”

优化提醒：在核心论点中加入实际案例和数据支持。

13. 商务提案撰写

指令示例：

“请生成一份《跨国合作项目提案》草稿，要求详细描述合作背景、项目目标、实施方案及预期效益。”

优化提醒：确保提案结构完整，论据充分。

14. 客户沟通记录整理

指令示例：

“请生成一份客户沟通记录总结，要求分类列出主要沟通内容、客户需求和后续跟进计划。”

优化提醒：建议使用分点格式明确记录重点。

15. 市场竞争分析报告生成

指令示例：

“请生成一份《行业竞争格局分析报告》草稿，要求包括主要竞争对手、市场份额及未来趋势预测。”

优化提醒：加入对竞争对手优势和劣势的详细分析。

16. 内部培训材料生成

指令示例：

“请生成一份关于‘数字化转型基础知识’的内部培训课件内容，要求结构清晰，内容翔实。”

优化提醒：建议在每个知识点后附上实例或案例说明。

17. 绩效改进方案撰写

指令示例：

“请生成一份‘提升团队绩效的改进方案’草稿，要求包括问题诊断、改进措施和预期效果。”

优化提醒：细化每项改进措施的具体执行步骤。

18. 商务谈判话术生成

指令示例：

“请生成一组关于‘价格谈判’的商务话术，要求语言精准、有说服力，适用于面对面谈判。”

优化提醒：建议添加对话模拟环节，提升实际应用效果。

19．企业年度总结报告生成

指令示例：

“请生成一份《企业年度总结报告》草稿，要求总结全年工作成果、存在问题及未来规划，采用分点列举方式。”

优化提醒：确保各部门数据明确。

20．战略规划提案撰写

指令示例：

“请生成一份《企业未来战略规划提案》草稿，要求分为现状分析、战略目标、实施路径及风险管理措施。”

优化提醒：详细说明各阶段目标和可操作性方案。

20个教育与学习类内容写作指令

1．课程设计方案生成

指令示例：

“请生成一份《人工智能基础课程设计方案》草稿，要求包含课程目标、教学大纲和评估方法。”

优化提醒：增加具体教学案例和资源列表。

2．教学案例报告生成

指令示例：

“请生成一份《高校人工智能课程案例分析报告》草稿，要求描述案例背景、实施效果和改进建议。”

优化提醒：细化案例数据和结论说明。

3．作业批改反馈报告

指令示例：

“请生成一份关于‘高中英语作文批改’的反馈报告，要求指出主要问题和改进建议。”

优化提醒：明确批改标准和评分细则。

4．学习计划制订

指令示例：

“请生成一份《大学生自学人工智能学习计划》草稿，要求分为短期、中期和长期目标，并列出具体学习内容。”

优化提醒：在每个目标下增加具体时间安排和资源推荐。

5．知识预习摘要生成

指令示例：

“请生成一篇关于《深度学习基础》的预习摘要，要求概括核心概念、主要算法及应用场景。”

优化提醒：确保摘要语言简明，关键点突出。

6．论文大纲生成

指令示例：

“请生成一份《机器学习在金融中的应用》的论文大纲，要求包含研究背景、方法、数据和预期结果。”

优化提醒：在每部分增加具体的子议题。

7．复习内容生成

指令示例：

“请生成一份《人工智能核心概念复习指南》，要求涵盖基本术语、关键算法和典型案例。”

优化提醒：结合图表或思维导图增强记忆效果。

8．中英互译练习

指令示例：

“请将以下中文段落翻译成标准美式英语，要求保持专业术语和正式语气。”

优化提醒：检查翻译后的语法和专业术语一致性。

9．学习心得撰写

指令示例：

“请生成一篇《参加人工智能论坛的学习心得报告》草稿，要求总结学习内容、个人体会和改进建议，语言真挚流畅。”

优化提醒：加入未来改进和应用的建议。

10．考试题目生成

指令示例：

“请生成5道关于《深度学习基础》的选择题及参考答案，题目难度覆盖初级到中级。”

优化提醒：确保题目内容覆盖课程核心知识点。

11．课件大纲生成

指令示例：

“请生成一份《人工智能前沿技术》课件大纲，要求包含主要知识点和讨论问题。”

优化提醒：建议在每个知识点后附上案例和数据支持。

12．学术论文摘要撰写

指令示例：

“请生成一段关于《图像识别算法》学术论文的摘要，要求语言精准，信息全面。”

优化提醒：在摘要中确保覆盖研究方法与主要结论。

13．实验报告模板生成

指令示例：

“请生成一份《深度学习实验报告》模板，要求包含实验目的、方法、数据分析和结论部分。”

优化提醒：提示用户补充具体实验数据。

14．专题研讨提纲生成

指令示例：

“请生成一份关于‘AI伦理与社会影响’的专题研讨提纲，要求分为背景介绍、核心议题和讨论建议。”

优化提醒：建议增加相关案例和参考文献。

15．在线辅导问答集生成

指令示例：

“请生成一份关于‘机器学习模型调优’的在线问答集，要求涵盖常见问题及解答要点。”

优化提醒：确保问答内容层次清晰，问题具体。

16．教育案例分享报告

指令示例：

“请生成一篇《智慧课堂实践案例报告》草稿，要求描述实施过程、遇到的问题和改进措施。”

优化提醒：建议加入实际数据和教师反馈。

17．学术会议论文标题生成

指令示例：

“请生成5个关于‘人工智能与数据挖掘’的学术论文标题，要求简洁、吸引人。”

优化提醒：检查标题是否覆盖核心议题。

18．学术合作提案撰写

指令示例：

“请生成一份《跨校科研合作提案》草稿，要求包括合作背景、研究内容、预期成果和合作方式。”

优化提醒：建议详细描述合作模式。

19．学习资源推荐列表

指令示例：

“请生成一份《AI学习资源推荐》列表，要求列出5个优质在线课程和书籍，并附简短介绍。”

优化提醒：确保推荐内容多样化，覆盖基础与进阶资源。

20．专业技能测试题生成

指令示例：

“请生成5道关于‘Python编程’的测试题及参考答案，题目难度覆盖初级到中级。”

优化提醒：确保题目覆盖各个知识点，并附详细解答。

20个创意内容与自媒体应用写作指令

1．创意短视频脚本大纲生成

指令示例：

“请生成一份关于‘环保科技’的短视频脚本大纲，要求包含开场、主题展示、互动环节和结尾呼吁，语言亲切，节奏明快。”

优化提醒：建议在互动环节中增加具体提问和观众互动示例。

2．自媒体文章创作

指令示例：

“请生成一篇关于‘未来城市’的自媒体文章草稿，要求语言生动、观点独特，并附上相关数据支持。”

优化提醒：补充具体案例和图表数据，提高文章说服力。

3．创意标题生成

指令示例：

“请生成10个关于‘智能家居’的创意标题，要求每个标题不超过12个字，简洁有力。”

优化提醒：确保标题贴合主题，并引起目标受众兴趣。

4．现代诗歌创作

指令示例：

“请生成一首关于‘数字时代’的现代诗，要求每段不少于4行，语言清新，富有韵律。”

优化提醒：调整语句节奏，确保诗意流畅。

5．小说开头生成

指令示例：

“请生成一段科幻小说开头，主题为‘未来世界的变革’，要求情节引人入胜，铺垫充分。”

优化提醒：加强背景描述和人物动机说明。

6．视频脚本细化

指令示例：

“请生成一份关于‘智能穿戴设备’的短视频详细脚本，要求包含情节设定、对话和场景描述。”

优化提醒：确保情节逻辑连贯，并加入观众互动环节。

7．互动社交文案

指令示例：

“请生成5条关于‘环保倡议’的社交媒体互动文案，要求语言轻松有趣，能够激发讨论。”

优化提醒：建议添加具体的互动问题或呼吁动作。

8．品牌故事撰写

指令示例：

“请生成一篇关于‘科技创新’的品牌故事，要求描述创始背景、发展历程和未来愿景，语言真挚、叙述流畅。”

优化提醒：在叙述中加入具体数据和成功案例支持。

9. 创意广告文案生成

指令示例：

“请生成5条关于‘绿色能源’的广告文案，要求每条不超过12个字，富有创意和吸引力。”

优化提醒：检查文案是否符合品牌调性，适当调整语气。

10. 图文结合自媒体文章

指令示例：

“请生成一篇关于‘未来生活方式’的自媒体文章草稿，要求图文并茂，结构清晰，文字和图片描述协调统一。”

优化提醒：建议补充图表说明和图片优化建议。

11. 短视频主持词生成

指令示例：

“请生成一份短视频主持词草稿，主题为‘科技改变生活’，要求语言自然流畅，具有感染力。”

优化提醒：在开头和结尾部分增加吸引观众的互动问答。

12. 电台节目脚本生成

指令示例：

“请生成一份电台节目脚本草稿，主题为‘数字化转型的机遇’，要求包含开场、讨论内容和结束语。”

优化提醒：确保讨论内容涵盖主要观点，语言生动。

13. 创意标题列表生成

指令示例：

“请生成10个关于‘AI创新’的创意标题，要求简短有力、富有冲击力。”

优化提醒：检查标题是否与主题匹配，并进行微调。

14. 自媒体访谈问题集生成

指令示例:

"请生成一组关于'未来工作模式'的访谈问题，要求涵盖趋势、挑战和机遇，每个问题简明扼要。"

优化提醒：在问题中加入针对性提问，确保涵盖多个角度。

15. 文化评论文章生成

指令示例:

"请生成一篇关于'传统文化与现代科技融合'的评论文章草稿，要求语言平实、观点独到。"

优化提醒：建议在论据中引用具体实例和数据支持。

16. 网络热词解析文章生成

指令示例:

"请生成一篇关于'网络热词'的解析文章草稿，要求解释热词由来及其社会影响，语言生动。"

优化提醒：确保解释清晰，逻辑严谨。

17. 视频配音稿生成

指令示例:

"请生成一段关于'数字未来'的视频配音稿，要求语言富有画面感和情感表达。"

优化提醒：调整语速和情感节奏，使配音更具吸引力。

18. 产品评测文案撰写

指令示例:

"请生成一篇关于'智能家居产品'的评测文案草稿，要求详细描述产品优缺点、使用体验及改进建议。"

优化提醒：在评测中加入具体使用数据和消费者反馈。

19. 生活方式博客文章生成

指令示例：

“请生成一篇关于‘健康饮食’的生活方式博客文章草稿，要求结合科学数据和实际案例，语言亲切。”

优化提醒：确保数据和案例具有代表性，语言生动。

20. 情感故事撰写

指令示例：

“请生成一篇关于‘成长与奋斗’的情感故事草稿，要求情节感人至深，语言真挚动人。”

优化提醒：建议在故事中增加细节描述和情感起伏。

10个技术辅助与数据分析应用指令

1. 编程代码生成

指令示例：

“请用Python生成一段代码，实现计算列表平均值，并添加详细注释。”

优化提醒：检查代码逻辑和异常处理。

2. 代码调试指导

指令示例：

“请生成一份关于‘代码调试’的提示指南，要求列出常见错误及调试技巧。”

优化提醒：确保提示涵盖多个调试场景。

3. 数据图表生成

指令示例：

“请生成一份关于‘销售数据趋势’的报告草稿，要求嵌入折线图和饼图，并提供图表说明。”

优化提醒：确保图表数据来源明确，图表美观。

4. API文档撰写

指令示例：

“请生成一份《DeepSeek API接口文档》草稿，要求详细说明各接口功能、参数和返回格式。”

优化提醒：检查文档格式，确保条理清晰。

5. 技术博客文章生成

指令示例：

“请生成一篇关于‘Transformer模型在NLP中的应用’的技术博客文章草稿，要求语言简明、技术翔实。”

优化提醒：建议在文章中引用具体案例和实验数据。

6. 系统性能优化报告生成

指令示例：

“请生成一份《如何优化AI模型性能》的报告草稿，要求包括数据处理、模型调优和硬件建议。”

优化提醒：确保报告结构完整，建议增加实际应用案例。

7. 测试用例生成

指令示例：

“请生成5个关于‘数据预处理’的Python测试用例，要求涵盖常见错误场景，并附上参考答案。”

优化提醒：检查测试用例是否覆盖主要场景。

8. 模型训练过程说明

指令示例：

“请生成一份关于《DeepSeek模型训练过程》的技术文档草稿，要求描述数据预处理、模型训练和验证步骤。”

优化提醒：确保步骤详细、逻辑清晰。

9．异常处理代码示例

指令示例：

“请生成一段Python代码，展示如何在数据处理过程中捕捉和处理异常，并添加详细注释。”

优化提醒：确保代码健壮性和清晰的异常说明。

10．技术白皮书大纲生成

指令示例：

“请生成一份关于‘AI模型在商业应用中的实践’的白皮书大纲，要求包括背景、方法、案例分析和未来展望。”

优化提醒：建议在每个部分增加具体实例和数据支持，确保内容充实。

附录B 30个行业AI应用实例详解

本附录收录了来自30个不同行业的实际应用案例，每个案例均包括具体情景描述、详细操作步骤、反馈迭代过程以及优化建议。每个案例后附的指令优化建议各包含20条多样化表述，旨在帮助您在实际使用DeepSeek进行公文撰写、文稿优化和决策支持时，根据反馈不断改进，提升输出质量。

案例1：法律——商业合同起草

» 情景描述：

一家知名科技公司与一家海外供应商拟签订长期战略合作协议，为确保双方权利和义务明确，律师事务所需起草一份详细的商业合同。

» 详细步骤：

1. 初始生成：输入指令。

> “请生成一份《2024年度商业合同》草稿，要求包括双方基本信息、交易条款、违约责任及争议解决机制，语言严谨，格式规范。”

2. 首次呈现：“违约责任”条款表述笼统，缺少具体罚则。

3. 反馈修改：追加指令。

> “请在‘违约责任’部分增加具体罚则和赔偿计算公式，并将双方基本信息部分调整为表格格式。”

4. 多轮反馈：根据后续反馈，进一步优化条款用词和格式。

5. 最终输出：生成格式清晰、条款详细、数据支持充分的商业合同草稿。

» 指令优化建议：

1. “使用严谨无歧义的法律表述”。
2. “强调违约条款具体化”。
3. “建议赔偿计算公式标准化”。
4. “采用表格展示关键信息”。
5. “强调责任分工清晰”。
6. “使用权威法律术语”。
7. “确保条款逻辑严密”。
8. “表述需有充分的数据支撑”。
9. “强调风险提示详尽”。
10. “使用条目式分点列举”。
11. “建议引用最新法律法规”。
12. “强调格式统一规范”。
13. “语言表达客观中立”。
14. “分段清晰，过渡自然”。
15. “使用明确具体的罚则说明”。
16. “强调文档整体风格一致”。
17. “使用实例支持论证”。
18. “建议在关键条款中增加注释”。
19. “确保法律责任描述准确”。
20. “使用行业标准合同模板对比”。

案例2：教育——高校课程设计方案制订

» 情景描述：

某知名高校计划开设一门人工智能基础课程，需制订详细的课程设计方案以满足教学改革要求，并提升学生的实践能力。

» 详细步骤：

1. 初始生成：输入指令。

“请生成一份《人工智能基础课程设计方案》草稿，要求包含课程目标、教学大纲、主要内容和评估方法。”

2. 首次呈现：教学大纲中部分内容描述不够具体。

3. 反馈修改：追加指令。

“请在‘教学大纲’部分增加具体的案例讨论和实践环节描述，并列出参考教材。”

4. 多轮反馈：根据反馈，再次细化评估方式，加入实验环节评分标准。

5. 最终输出：生成完整、结构合理、操作性强的课程设计方案。

» 指令优化建议：

1. “教学目标具体明确”。
2. “大纲结构层次分明”。
3. “每个模块增加案例讨论”。
4. “实践环节详细描述实验流程”。
5. “评估方法科学合理”。
6. “教材引用来源准确”。
7. “使用分点清晰陈述”。
8. “内容兼具理论与实践”。
9. “引入互动式教学设计”。
10. “强调创新性和实用性”。
11. “数据和案例充分支持论点”。
12. “表述简洁而有力”。
13. “内容覆盖基础与前沿”。
14. “结构应符合教学逻辑”。

15. “使用专业术语加解释”。
16. “教学设计要操作性强”。
17. “强调学生参与度提升”。
18. “加入明确的时间安排”。
19. “建议增加评分标准细则”。
20. “强调教学反馈与改进机制”。

案例3：新闻出版——稿件审校报告撰写

» 情景描述：

某出版社收到一部新书稿，编辑需撰写审校报告，对稿件结构、语言流畅性和逻辑性提出修改建议，以便作者调整后再次提交。

» 详细步骤：

1. 初始生成：输入指令。

   “请生成一份《新书稿审校报告》草稿，要求包括语言流畅性、结构合理性、逻辑连贯性及改进建议。”

2. 首次呈现：部分段落逻辑衔接不紧密。
3. 反馈修改：追加指令。

   “请在报告中指出逻辑断层处，并给出具体修改建议，建议使用过渡词改善段落连接。”

4. 多轮反馈：再次调整后增加具体改写示例。
5. 最终输出：生成包含详细修改意见的审校报告。

» 指令优化建议：

1. “语言需流畅连贯”。
2. “逻辑断层明确标注”。
3. “建议使用过渡词衔接段落”。
4. “修改意见具体且可操作”。

5.“格式要求统一规范”。

6.“提供多个改写版本参考”。

7.“数据引用准确无误”。

8.“表述客观严谨”。

9.“建议分点列举重点”。

10.“强调整体风格一致”。

11.“建议增加图表辅助说明”。

12.“建议案例详细具体”。

13.“语言精练且逻辑清晰”。

14.“文档结构层次分明”。

15.“强调实际应用价值”。

16.“提示修正案例充分”。

17.“建议专业术语解释清楚”。

18.“调整使段落间过渡自然”。

19.“建议分步列出改进措施”。

20.“强调最终输出质量提升”。

案例4：新媒体——自媒体文章创作

» 情景描述：

一家新媒体工作室筹备一篇关于“未来城市”的创意文章，要求观点独到、语言生动，以提升品牌影响力和传播效果。

» 详细步骤：

1. 初始生成：输入指令。

“请生成一篇关于‘未来城市’的自媒体文章草稿，要求语言生动，观点独特，并附相关数据支持。”

2. 首次呈现：文章内容较为基础，缺乏创新视角。

3. 反馈修改：追加指令。

“请在文章中加入对未来科技与城市规划结合的创新性观点，并增加具体数据和案例分析。”

4. 多轮反馈：进一步要求调整语气为更具煽动性。

5. 最终输出：生成创意丰富、数据充分、语言富有活力的自媒体文章。

» 指令优化建议：

1. “观点需独特前瞻”。
2. “数据详细且能支持论点”。
3. “语言充满活力与创新”。
4. “案例具体且生动”。
5. “文风活泼且引人入胜”。
6. “使用形象比喻，增强文采”。
7. “语气应富有煽动性”。
8. “结构层次清晰”。
9. “每段加入互动提问”。
10. “建议使用‘未来科技’‘城市创新’等关键词”。
11. “强调市场趋势分析”。
12. “建议引用权威数据增强说服力”。
13. “文本调整为短句模式”。
14. “文字简洁有力”。
15. “采用标题吸睛策略”。
16. “建议增加用户案例引用”。
17. “行文应充满情感色彩”。
18. “强调观点转换流畅”。
19. “建议加入互动讨论环节”。
20. “使用‘激发共鸣’‘创新视角’等关键词”。

案例5：餐饮——菜单文案与促销公告生成

» 情景描述：

某知名餐饮连锁企业推出新品“健康餐”，需撰写促销公告和菜单文案，以吸引顾客并提升品牌形象。

» 详细步骤：

1. 初始生成：输入指令。

“请生成一份关于‘新推出健康餐’的菜单文案和促销公告草稿，要求包含菜品介绍、营养信息及促销活动详情，语言亲切，富有诱惑力。”

2. 首次呈现：菜品描述和促销细则不够具体。

3. 反馈修改：追加指令。

“请在‘菜品介绍’部分增加原料、烹饪方式的详细描述，并在促销公告中明确活动时间、优惠方式及参与条件。”

4. 多轮反馈：要求文风更具吸引力，增加情感词汇。

5. 最终输出：生成格式规范、内容详尽、风格生动的菜单文案及促销公告。

» 指令优化建议：

1. “菜品描述应具体详细”。
2. “原料信息必须准确”。
3. “烹饪方式需生动形象”。
4. “促销细则应明确具体”。
5. “优惠幅度量化表达”。
6. “活动时间精确无误”。
7. “参与条件详细列出”。
8. “语言表达亲切诱人”。

9.“建议使用温馨词汇”。

10.“标题应富有创意”。

11.“建议增加消费者反馈案例”。

12.“采用分点列举方式”。

13.“数据支持确保真实可靠”。

14.“强调品牌形象提升”。

15.“使用‘健康’‘营养’等关键词”。

16.“语气应活泼且富有节奏”。

17.“加入‘新鲜’‘时尚’‘诱惑’等关键词”。

18.“表达方式简洁直观”。

19.“结构逻辑清晰”。

20.“增加促销激励、购买动力等内容”。

案例6：跨境贸易——出口合同与贸易协议生成

» 情景描述：

某跨境贸易公司与海外客户签订出口协议，为确保合同严谨性，法务部门需起草详细的出口合同。

» 详细步骤：

1. 初始生成：输入指令。

“请生成一份《出口合同》草稿，要求包括双方信息、产品规格、价格条款、付款方式及争议解决机制，语言正式，格式规范。”

2. 首次呈现：价格条款表述不够具体。

3. 反馈修改：追加指令。

“请在‘价格条款’部分增加具体计算公式和汇率说明，并详细列出交货时间和物流责任。”

4. 多轮反馈：进一步要求增加违约责任和赔偿机制。

5．最终输出：生成符合国际标准、条款明确的出口合同草稿。

» 指令优化建议：

1.“价格条款具体明晰”。

2.“汇率说明需标准化”。

3.“交货时间精确到日”。

4.“物流责任明确分工”。

5.“违约责任详细描述”。

6.“赔偿计算公开透明”。

7.“使用国际合同标准”。

8.“条款之间逻辑衔接自然”。

9.“数据引用必须严谨”。

10.“要求采用标准表格展示”。

11.“专业术语使用规范”。

12.“风险提示全面覆盖”。

13.“条目式列举关键要点”。

14.“建议引用法律条款来源”。

15.“文档风格保持统一”。

16.“表述精练准确”。

17.“强调合同双方权责平衡”。

18.“建议使用‘不可抗力’等条款”。

19.“注重细节调整”。

20.“提示词中加入‘国际标准’‘法务审核’”。

案例7：电商——产品详情页文案生成

» 情景描述：

某电商平台推出全新产品“智能家居音响”，市场部门需撰写产品详情页文案以吸引消费者，提升产品销量。

» 详细步骤：

1. 初始生成：输入指令。

“请生成一份关于‘智能家居音响’的产品详情页文案草稿，要求包含产品功能、技术参数、使用场景和客户评价，语言简洁有力。”

2. 首次呈现：技术参数描述不够具体，使用场景略显模糊。

3. 反馈修改：追加指令。

“请在‘技术参数’部分增加功率、音质、兼容性等详细说明，并在使用场景中描述家庭典型场景。”

4. 多轮反馈：进一步要求在客户评价中加入真实案例数据。

5. 最终输出：生成一份数据翔实、结构清晰的产品详情页文案。

» 指令优化建议：

1. “产品功能描述具体”。

2. “技术参数细化详细”。

3. “使用场景生动描述”。

4. “客户评价引用真实案例”。

5. “数据支持必须充分”。

6. “文案语言简洁有力”。

7. “风格需符合品牌调性”。

8. “建议使用直观图表辅助”。

9. “表达要逻辑严密”。

10. “语言保持专业与亲和”。

11. “强调竞争优势明显”。

12. “建议使用‘用户好评’‘真实体验’等关键词”。

13. “结构采用分段说明”。

14. “语气要活泼、引人注目”。

15. “注意关键词精准匹配”。

16. “建议增加产品优势对比”。

17. “表述要易于理解”。

18. “使用数据图表直观展示”。

19. “强调创新亮点突出”。

20. “提示词中加入‘智能化’‘便捷’‘领先’”。

案例8：快消——新品促销公告生成

» 情景描述：

某快消品牌计划推出一款新型健康饮品，为迅速占领市场，市场部需撰写促销公告，吸引消费者关注。

» 详细步骤：

1. 初始生成：输入指令。

“请生成一份健康饮品新品促销公告的草稿，要求包含产品亮点、促销活动细则及优惠政策，语言简洁有力。”

2. 首次呈现：促销细则描述不够明确。

3. 反馈修改：追加指令。

“请在‘促销活动细则’部分详细列出活动时间、优惠幅度、参与条件，并在‘产品亮点’部分增加成分和健康功效说明。”

4. 多轮反馈：要求文风更具号召力和现代感。

5. 最终输出：生成一份内容详尽、数据清晰、语言充满吸引力的促销公告。

» 指令优化建议：

1. “促销细则描述清晰”。

2. “活动时间必须精确”。

3. “优惠幅度量化明确”。

4. “参与条件逐条列出”。

5. “产品亮点需突出具体成分”。

6. “语言要充满号召力”。

7. “建议使用时尚、现代的语气”。

8. “数据引用准确无误”。

9. “加入‘限时优惠’‘抢购热潮’等关键词”。

10. “风格活泼而专业”。

11. “文字表达简洁有力”。

12. “调整句式使结构紧凑”。

13. “强调消费者利益最大化”。

14. “采用激励性呼吁”。

15. “建议使用动态图表辅助”。

16. “注重语气平衡”。

17. “建议增加用户体验反馈”。

18. “文案整体节奏感强”。

19. “提示词中加入‘新鲜’‘爆款’”。

20. “使用‘创新’‘直观’‘诱人’等词汇”。

案例9：旅游——旅行攻略生成

» 情景描述：

某旅游公司为推广桂林旅游，需为游客提供一份详细、实用的旅行攻略，包含景点介绍、行程安排、交通指南及当地美食推荐。

» 详细步骤：

1. 初始生成：输入指令。

“请生成一份桂林山水游旅行攻略草稿，要求包含景点介绍、行程安排、交通指南和美食推荐，语言生动。”

2. 首次呈现：景点介绍部分较为简略。

3. 反馈修改：追加指令。

“请在‘景点介绍’部分增加详细的历史文化背景和推荐游览路线，并在‘交通指南’中补充班车信息。”

4. 多轮反馈：建议调整文风为更具互动性和温情。

5. 最终输出：生成图文并茂、内容详尽、语调亲和的旅行攻略。

» 指令优化建议：

1. “景点描述生动具体”。
2. “历史背景详细介绍”。
3. “游览路线需明确规划”。
4. “交通信息具体且实用”。
5. “美食推荐贴近当地特色”。
6. “语言要温馨互动”。
7. “建议使用‘必去’‘不可错过’等推荐语”。
8. “优化时加入当地风情、文化底蕴”。
9. “数据图表直观展示”。
10. “调整语气为活泼亲切”。
11. “提示词中加入‘体验升级’”。
12. “强调旅游安全提示”。
13. “建议引用游客反馈”。
14. “文字要富有感染力”。
15. “结构建议分段清晰”。
16. “用词应形象生动”。
17. “建议增加互动提问环节”。
18. “使用‘深入体验’等表述”。

19. “强调文化深度”。
20. “提示词中加入‘旅游必备’‘独特体验’”。

案例10：出国留学——申请文书撰写

» 情景描述：

某留学咨询机构为提高学生留学成功率，需为一名优秀学生撰写留学申请个人陈述，强调学术成就和职业规划。

» 详细步骤：

1. 初始生成：输入指令。

   “请生成一份《留学申请个人陈述》草稿，要求涵盖个人背景、学术成就、留学动机和未来规划，语言真诚，逻辑清晰。”

2. 首次呈现：留学动机部分表述较为笼统。
3. 反馈修改：追加指令。

   “请在‘留学动机’部分增加具体个人经历与职业规划之间的联系，描述留学对未来发展的实际影响。”

4. 多轮反馈：进一步要求优化整体逻辑和语言说服力。
5. 最终输出：生成内容充实、逻辑严谨、文风真挚的申请文书。

» 指令优化建议：

1. “留学动机具体生动”。
2. “个人经历详细描写”。
3. “学术成就突出亮点”。
4. “逻辑结构严谨有序”。
5. “语言表达真诚动人”。
6. “强调未来规划清晰”。
7. “使用专业术语标准化”。
8. “建议增加成功案例引用”。

9.“采用对比法强化论点”。

10.“表述需条理分明”。

11.“建议使用‘留学竞争力提升’等表述”。

12.“数据引用必须准确”。

13.“文字风格正式而亲切”。

14.“强调实践经历丰富”。

15.“语言应具有说服力”。

16.“建议使用‘未来展望明确’等表述”。

17.“注重细节充实”。

18.“强调目标导向清晰”。

19.“建议加入职业发展规划”。

20.“提示词中加入‘竞争优势’‘学术背景’‘未来规划’”。

案例11：金融服务——投资策略报告撰写

» 情景描述：

某金融机构为指导投资者，需撰写一份关于新兴行业投资策略的报告，涵盖市场分析和风险评估。

» 详细步骤：

1. 初始生成：输入指令。

“请生成一份《2024年上半年投资策略报告》草稿，要求包括市场分析、投资组合建议和风险评估，语言规范，数据翔实。”

2. 首次呈现：投资报告中风险评估部分内容不足。

3. 反馈修改：追加指令。

“请在‘风险评估’部分增加具体风险应对措施和历史数据对比分析，并在结论中加强前瞻性建议。”

4. 多轮反馈：进一步要求优化整体报告结构。

5. 最终输出：生成结构完整、数据支撑充分的投资策略报告。

» 指令优化建议：

1.“风险评估应细致入微”。

2.“投资建议需数据驱动”。

3.“结构布局分明有序”。

4.“语言保持客观理性”。

5.“建议使用历史数据对比”。

6.“强调动态风险控制”。

7.“提供具体风险应对策略”。

8.“建议增加市场趋势预测”。

9.“使用‘资产配置合理’等表述”。

10.“结论部分前瞻性明确”。

11.“使用专业金融术语”。

12.“数据图表直观展示”。

13.“逻辑推理充分严谨”。

14.“建议引用权威分析数据”。

15.“表达要清晰准确”。

16.“优化词中加入‘稳健’‘前瞻’‘精确’”。

17.“强调投资组合优化”。

18.“建议使用战略规划”。

19.“文字要简明有力”。

20.“提示词中加入‘风险管理’‘市场波动’‘动态调整’”。

案例12：医疗——临床病例报告生成

» 情景描述：

某三甲医院需撰写一份心脏介入治疗病例报告，用于学术交流和效果评估，要求数据翔实且符合医学规范。

» 详细步骤：

1. 初始生成：输入指令。

“请生成一份《心脏介入治疗病例报告》草稿，要求包括病例背景、诊断过程、治疗方案及随访结果，语言专业，数据翔实。”

2. 首次呈现：诊断过程描述模糊。

3. 反馈修改：追加指令。

“请在‘诊断过程’部分增加具体的检查数据和影像学描述，并细化治疗方案。”

4. 多轮反馈：要求补充随访长期数据。

5. 最终输出：生成符合医学规范、内容详尽的临床病例报告。

» 指令优化建议：

1.“诊断过程描述详细具体”。

2.“检查数据必须详尽”。

3.“影像学描述精准专业”。

4.“随访结果长期数据充分”。

5.“使用医学专业术语”。

6.“结构应符合临床报告标准”。

7.“语言保持客观严谨”。

8.“数据图表直观展示结果”。

9.“建议引用权威医学文献”。

10.“优化时加入病理分析明确”。

11.“强调治疗方案合理性”。

12.“描述要层次分明”。

13.“语言需精练且专业”。

14.“建议使用标准化病例格式”。

15. “确保风险预警充分”。
16. “增加诊断标准说明”。
17. “优化词中加入‘临床观察’‘随访记录’”。
18. “使用统计数据支持”。
19. “说明病例背景全面”。
20. “强调治疗效果跟踪”。

案例13：制造——生产流程优化方案制订

» 情景描述：

某制造企业面临生产效率低下的问题，亟须制订一份生产流程优化方案，通过流程再造实现降本增效。

» 详细步骤：

1. 初始生成：输入指令。

“请生成一份《生产流程优化方案》草稿，要求包括当前流程描述、瓶颈分析、优化措施和预期效益，语言规范，数据翔实。”

2. 首次呈现：“瓶颈分析”部分描述不够具体。
3. 反馈修改：追加指令。

“请在‘瓶颈分析’部分增加各环节的延误时间和运输成本分析，并详细描述改进措施和责任分工。”

4. 多轮反馈：建议在“预期效益”中增加量化指标。
5. 最终输出：生成结构清晰、数据支持充分的生产流程优化方案。

» 指令优化建议：

1. “瓶颈描述应详细具体”。
2. “延误时间量化说明”。
3. “成本构成分项列出”。
4. “改进措施具体且可执行”。

5. “责任分工明确无疑”。
6. “建议使用‘流程再造标准’等表述”。
7. “图表展示直观清晰”。
8. “数据引用必须准确”。
9. “表达要逻辑严密”。
10. “加入关键节点说明”。
11. “使用‘成本效益分析’等表述”。
12. “方案结构层次分明”。
13. “建议使用‘定量对比’等关键词”。
14. “强调降本增效”。
15. “优化词中加入‘资源整合’”。
16. “表述要精练明确”。
17. “建议使用‘操作性强’等表述”。
18. “强调持续改进机制”。
19. “数据支持翔实无缺”。
20. “使用‘标准化流程’等表述”。

案例14：房地产——物业管理改进方案撰写

» 情景描述：

某房地产公司为提升物业服务质量，需制订一份物业管理改进方案，以降低投诉率并提高客户满意度。

» 详细步骤：

1. 初始生成：输入指令。

“请生成一份《物业管理改进方案》草稿，要求包括现状分析、存在问题、改进措施、预期效果和未来规划，语言正式，结构清晰。”

2．首次呈现：“现状分析”部分数据不足。

3．反馈修改：追加指令。

“请在‘现状分析’部分增加物业投诉数据和客户满意度统计，并在‘改进措施’中提出具体改进步骤和责任分工。”

4．多轮反馈：建议“未来规划”部分增加技术升级方案。

5．最终输出：生成内容翔实、数据充分、措施具体的物业管理改进方案。

» 指令优化建议：

1.“现状数据需翔实准确”。

2.“投诉统计量化展示”。

3.“满意度数据必须精确”。

4.“改进措施具体明确”。

5.“责任分工清晰明了”。

6.“建议使用‘流程再造’等关键词”。

7.“格式要求标准统一”。

8.“语言表达客观严谨”。

9.“建议引用第三方检测数据”。

10.“加入技术升级方案”。

11.“强调服务质量提升”。

12.“使用‘数据驱动改进’等表述”。

13.“建议增加客户反馈案例”。

14.“使用‘标准化管理’等关键词”。

15.“细化操作步骤”。

16.“逻辑结构层次分明”。

17.“强调持续监控”。

18.“优化词中加入‘效益显著’”。

19.“建议使用‘风险预警机制’等表述”。

20.“使用‘改进目标明确’等表述”。

案例15：汽车——新车型推广文案撰写

» 情景描述：

某汽车制造企业即将推出一款全新智能电动SUV，为抢占市场，市场部需撰写吸引眼球的推广文案。

» 详细步骤：

1. 初始生成：输入指令。

“请生成一份关于‘全新智能电动SUV’的推广文案草稿，要求包含产品亮点、技术优势、市场定位及用户体验描述，语言简洁有力。”

2. 首次呈现：“产品亮点”部分描述不够生动。

3. 反馈修改：追加指令。

“请在‘产品亮点’中增加具体的技术参数和真实用户反馈案例，使用比喻增强情感表达。”

4. 多轮反馈：用户要求整体文案风格更具现代感和科技感。

5. 最终输出：生成一份内容生动、数据翔实、语言富有吸引力的推广文案。

» 指令优化建议：

1.“产品亮点生动具体”。

2.“技术参数需详细描述”。

3.“用户反馈引用真实数据”。

4.“建议使用形象比喻，增强文采”。

5.“语气应具有现代感、科技感”。

6.“标题要吸引眼球”。

7.“文案简洁有力”。

8.“强调品牌独特卖点”。

9.“表达方式活泼、引人注目”。

10.“加入高端配置说明”。

11.“建议使用‘领先技术’等描述”。

12.“数据引用必须准确”。

13.“逻辑结构清晰严谨”。

14.“细节部分具体丰富”。

15.“强调品质保证”。

16.“使用流行词汇提升亲和力”。

17.“调整文风使表达平衡”。

18.“用词应明确、直接”。

19.“建议加入‘未来感’‘智能化’等关键词”。

20.“强调‘吸睛’‘创新’‘时尚’”。

案例16：物流——物流流程优化方案撰写

» 情景描述：

某物流企业面临配送延误和成本上升问题，亟须制订一份物流流程优化方案以提升整体运营效率。

» 详细步骤：

1. 初始生成：输入指令。

“请生成一份《物流流程优化方案》草稿，要求包括当前物流流程、瓶颈分析、优化措施和预期效益，语言规范，数据翔实。”

2. 首次呈现：“瓶颈分析”部分描述不够具体。

3. 反馈修改：追加指令。

“请在‘瓶颈分析’部分增加延误时间和运输成本的详细数据，并在优化措施中明确责任部门和执行时间节点。”

4. **多轮反馈**：建议在“预期效益”中增加量化指标。

5. **最终输出**：生成一份结构清晰、数据支持充分的物流流程优化方案。

» 指令优化建议：

1.“瓶颈描述必须具体详细”。

2.“延误时间量化说明”。

3.“运输成本分项列出”。

4.“改进措施需可操作”。

5.“责任部门明确分工”。

6.“时间节点精确划分”。

7.“建议使用‘流程再造标准’等表述”。

8.“数据图表直观展示”。

9.“文案表达逻辑严密”。

10.“强调降本增效目标”。

11.“使用‘关键绩效指标’等表述”。

12.“加入资源整合说明”。

13.“采用条目式结构”。

14.“数据引用必须准确”。

15.“建议使用标准流程描述”。

16.“强调持续改进机制”。

17.“表达要精练明确”。

18.“使用降本、增效术语”。

19.“优化词中加入‘关键节点’‘效益提升’”。

20.“强调操作流程标准化”。

案例17：IT软件服务——项目需求文档撰写

» 情景描述：

某IT公司拟开发一款企业管理系统，需撰写详细的项目需求文档，明确各项功能和技术指标。

» 详细步骤：

1. 初始生成：输入指令。

“请生成一份《新型企业管理系统需求文档》草稿，要求包括功能需求、系统架构、技术指标和用户场景描述，语言专业，结构清晰。”

2. 首次呈现：“技术指标”部分描述不足。
3. 反馈修改：追加指令。

“请在‘技术指标’部分增加具体的性能参数和安全要求，并在‘用户场景’中加入实际案例说明。”

4. 多轮反馈：建议进一步细化功能需求。
5. 最终输出：生成一份结构完整、内容详尽的项目需求文档。

» 指令优化建议：

1. “功能需求详细明确”。
2. “技术指标量化具体”。
3. “安全要求专业严谨”。
4. “用户场景贴近实际”。
5. “数据参数引用精确”。
6. “结构布局层次分明”。
7. “使用专业术语解释”。
8. “加入可扩展性说明”。
9. “格式需标准统一”。

10.“建议使用需求细化技巧”。

11.“提供风险提示”。

12.“强调系统整体架构”。

13.“使用分点陈述，表达清晰”。

14.“建议引用市场调研数据”。

15.“强调开发目标明确”。

16.“加入界面设计说明”。

17.“建议使用功能模块划分”。

18.“文字表达简洁明了”。

19.“提示词中加入‘详细参数’‘技术标准’”。

20.“强调用户反馈和调整”。

案例18：文化传媒——企业宣传片脚本撰写

» 情景描述：

某文化传媒公司为提升企业品牌形象，计划制作一部宣传片，需撰写具有感染力的脚本。

» 详细步骤：

1. 初始生成：输入指令。

“请生成一份关于‘企业数字化转型’的宣传片脚本草稿，要求包含开场、品牌故事、核心价值及结尾呼吁，语言富有感染力。”

2. 首次呈现：“品牌故事”部分描述平淡。

3. 反馈修改：追加指令。

“请在‘品牌故事’部分增加具体案例和感人比喻，并使用更激励的语气。”

4. 多轮反馈：要求整体语气更具激励性。

5．**最终输出**：生成一份内容丰富、情感真挚、结构完整的宣传片脚本。

» 指令优化建议：

1.“品牌故事情感饱满”。

2.“案例描述具体生动”。

3.“使用形象比喻，增强感染力”。

4.“语气有力，能鼓舞人心”。

5.“语言富有画面感”。

6.“建议使用情感共鸣词汇”。

7.“加入‘故事性强’等表述”。

8.“强调品牌核心价值”。

9.“结构分段清晰”。

10.“建议使用动词增强语势”。

11.“数据引用须精确”。

12.“结合视觉效果描述”。

13.“使用互动性呼吁”。

14.“注重前后文呼应”。

15.“建议增加激励性结尾”。

16.“表达直观易懂”。

17.“使用热情洋溢的语气”。

18.“建议引用成功案例”。

19.“强调创新表达方式”。

20.“使用‘激情’‘动人’‘激励’‘真挚’等关键词”。

案例19：酒店管理——客户满意度调研报告撰写

» 情景描述：

某连锁酒店希望提升服务质量，需撰写一份客户满意度调研报告，通过数据分析找出问题并提出改进方案。

» 详细步骤：

1. 初始生成：输入指令。

“请生成一份《客户满意度调研报告》草稿，要求包含调查背景、数据分析、主要问题及改进建议，语言客观，数据翔实。”

2. 首次呈现：“数据分析”部分缺少图表支持。

3. 反馈修改：追加指令。

“请在‘数据分析’部分增加柱状图和饼图，详细展示客户满意度数据及问题分布。”

4. 多轮反馈：建议在“改进建议”中增加具体服务优化案例。

5. 最终输出：生成图文并茂、数据翔实的调研报告。

» 指令优化建议：

1. “数据分析详细且直观”。
2. “图表展示必须清晰”。
3. “建议使用专业统计术语”。
4. “改进建议具体明确”。
5. “客户反馈引用真实案例”。
6. “数据来源准确无误”。
7. “格式要求标准化”。
8. “语言表达客观专业”。
9. “加入量化分析”。
10. “使用趋势图示辅助”。
11. “结构层次分明”。
12. “建议使用数据对比分析”。
13. “强调服务优化措施”。
14. “使用‘细致调查’等表述”。

15. “表述简洁有力”。
16. “加入客户体验反馈”。
17. “使用‘回归分析’等术语”。
18. “强调数据支持决策”。
19. “加入专家建议”。
20. “优化词中加入‘客观’‘严谨’‘翔实’‘精确’”。

案例20：运动健身——企业健身推广方案生成

» 情景描述：

某大型企业为提高员工健康水平，计划制订内部健身推广方案，鼓励员工参与健身活动。

» 详细步骤：

1. 初始生成：输入指令。

   “请生成一份《企业健身推广方案》草稿，要求包含推广背景、活动安排、实施步骤及预期效果，语言简洁，数据支持充分。”

2. 首次呈现：“活动安排”部分描述较为笼统。
3. 反馈修改：追加指令。

   “请在‘活动安排’中具体列出各项健身活动的时间、地点、参与方式及激励机制，并在预期效果中增加量化指标。”

4. 多轮反馈：要求整体方案更具操作性。
5. 最终输出：生成结构清晰、措施具体、数据明确的健身推广方案。

» 指令优化建议：

1. “活动安排具体详细”。
2. “时间地点必须明确”。
3. “参与方式清晰描述”。
4. “激励机制量化表达”。

5. “预期效果数据支撑充分”。

6. “方案结构条理清晰”。

7. “建议使用‘健康指标提升’等表述”。

8. “语言表达亲切明了”。

9. “调整语气为积极的、鼓舞人心的”。

10. “加入员工反馈机制”。

11. “建议使用实际数据支撑”。

12. “表达方式简洁而有力”。

13. “强调持续改进计划”。

14. “使用‘定期评估机制’等表达”。

15. “加入健康培训方案”。

16. “建议加入激励、奖惩机制”。

17. “强调‘可操作性强’”。

18. “结构上分点明确”。

19. “数据引用必须精确”。

20. “优化词中加入‘实用’‘前瞻’‘健康’‘创新’”。

案例21：农业科技——智慧农业推广方案生成

» 情景描述：

某农业科技公司为推广其智能农业设备，需制订一份智慧农业推广方案，提升农户生产效率和产品质量。

» 详细步骤：

1. 初始生成：输入指令。

“请生成一份《智慧农业推广方案》草稿，要求包含产品介绍、应用案例、市场前景及推广策略，语言规范，数据翔实。”

2. 首次呈现：“应用案例”部分描述不足。

3. 反馈修改：追加指令。

“请在‘应用案例’部分增加实际使用数据和农户反馈，并在‘市场前景’中加入竞争对手分析。”

4. 多轮反馈：建议“推广策略”部分增加具体步骤。

5. 最终输出：生成详细、数据充分、措施明确的智慧农业推广方案。

» 指令优化建议：

1.“产品介绍必须翔实”。

2.“应用案例需真实具体”。

3.“农户反馈量化统计”。

4.“市场前景数据支持充分”。

5.“竞争对手分析详细准确”。

6.“推广策略具体可操作”。

7.“建议使用智慧农业、数字农业”。

8.“语言表达专业客观”。

9.“格式要求规范统一”。

10.“加入实际使用效果”。

11.“数据引用需准确无误”。

12.“表达要层次分明”。

13.“建议使用‘技术创新’‘效益提升’等表述”。

14.“说明推广流程清晰”。

15.“优化词中加入‘用户好评’‘市场开拓’”。

16.“强调效益显著”。

17.“使用实践案例支撑”。

18.“建议增加未来展望预测”。

19.“表述逻辑严谨”。

20.“使用‘数据驱动’‘实用性强’等表述”。

案例22：环保产业——绿色项目申报报告生成

» 情景描述：

某环保公司拟申报政府扶持资金，需要撰写一份绿色项目申报报告，重点展示项目对环境改善的贡献。

» 详细步骤：

1. 初始生成：输入指令。

“请生成一份《绿色项目申报报告》草稿，要求包括项目背景、环境效益、技术方案和资金需求，语言正式，数据翔实。”

2. 首次呈现：“环境效益”部分描述较为空泛。

3. 反馈修改：追加指令。

“请在‘环境效益’部分增加具体数据和对比分析，说明项目对减少污染的具体贡献，并详细描述技术方案。”

4. 多轮反馈：要求补充资金需求细节。

5. 最终输出：生成一份结构完整、数据翔实、说服力强的绿色项目申报报告。

» 指令优化建议：

1. “环境效益数据翔实”。

2. “对比分析直观展示”。

3. “技术方案详细具体”。

4. “资金需求量化明确”。

5. “结构要严谨完整”。

6. “语言表达正式专业”。

7. “建议使用‘绿色发展指标’等关键词”。

8. “引用政策文件”。

9. “数据图表规范清晰”。

10.“优化词中加入‘环保效益显著’”。

11.“强调可持续性发展”。

12.“使用‘生态修复’‘污染控制’等表述”。

13.“表述逻辑清晰”。

14.“说明项目风险评估”。

15.“建议加入经济效益分析”。

16.“使用案例对比”。

17.“文字要精练有力”。

18.“强调环保标准化”。

19.“建议使用‘数据对比’‘实证分析’等表述”。

20.“优化词中加入‘规范’‘创新’‘实用’”。

案例23：航空运输——航空安全报告生成

» 情景描述：

某航空公司为提升运营安全，需撰写一份航空安全运营报告，详细记录过去一年安全事件及改进措施。

» 详细步骤：

1. 初始生成：输入指令。

“请生成一份《航空安全运营报告》草稿，要求包括安全现状、存在风险、改进措施和未来规划，语言正式，数据翔实。”

2. 首次呈现：“存在风险”部分缺乏具体案例。

3. 反馈修改：追加指令。

“请在‘存在风险’部分增加过去一年安全事件数据和实际案例，并在‘改进措施’中明确责任分工。”

4. 多轮反馈：要求在“未来规划”中加入目标与时间表。

5. 最终输出：生成一份数据翔实、案例具体、改进措施明确的航空安全报告。

» 指令优化建议：

1. “安全风险描述必须具体”。
2. “使用实际案例支撑”。
3. “数据统计详尽准确”。
4. “改进措施明确具体”。
5. “责任分工清晰划分”。
6. “建议使用‘事故率降低指标’等表述”。
7. “格式要求严格规范”。
8. “语言表达专业严谨”。
9. “加入风险预警机制”。
10. “建议加入安全管理标准”。
11. “表达逻辑严密”。
12. “建议改进时间表”。
13. “强调数据驱动”。
14. “建议使用安全改进方案”。
15. “文字要精练有效”。
16. “增加‘责任追踪’等关键词”。
17. “建议加入历史数据对比”。
18. “加入事故案例详述”。
19. “注重改进可操作性”。
20. “使用‘标准化安全流程’等表述”。

案例24：能源——新能源投资分析报告生成

» 情景描述：

某新能源企业为评估市场前景和投资风险，需要撰写一份新能源投资分析报告，重点关注政策影响及竞争格局。

» 详细步骤：

1. 初始生成：输入指令。

“请生成一份《新能源投资分析报告》草稿，要求包括市场现状、竞争格局、政策影响及投资建议，语言客观，数据翔实。”

2. 首次呈现：“政策影响”部分不够深入。

3. 反馈修改：追加指令。

“请在‘政策影响’部分增加具体政策条款和市场影响分析，并在‘投资建议’中补充风险提示。”

4. 多轮反馈：建议增加竞争对手数据对比。

5. 最终输出：生成结构完整、数据翔实、风险提示明确的投资分析报告。

» 指令优化建议：

1. “政策分析应深入细致”。
2. “市场竞争数据对比明确”。
3. “投资建议风险提示充分”。
4. “格式要求图文并茂”。
5. “建议使用定量分析方法”。
6. “表达要逻辑清晰”。
7. “数据引用准确无误”。
8. “加入行业标准数据”。
9. “强调前瞻性市场预测”。
10. “使用专业金融术语”。
11. “优化词中加入‘稳健’‘科学’”。
12. “强调数据驱动决策”。
13. “采用图表辅助说明”。

14. “建议加入风险控制模型”。

15. “文字要简洁有力”。

16. “增加竞争对手详细分析”。

17. “强调投资组合优化”。

18. “建议加入战略规划”。

19. “表述要有前瞻性而严谨”。

20. “使用‘动态调整’‘市场波动’等表述”。

案例25：通信——5G应用推广报告生成

» 情景描述：

某通信企业计划推广其新开发的5G技术应用，需撰写详细报告，介绍技术优势、实际应用案例及未来市场预测。

» 详细步骤：

1. 初始生成：输入指令。

“请生成一份《5G应用推广报告》草稿，要求包括技术优势、市场现状、实际应用案例和未来趋势预测，语言规范，数据翔实。”

2. 首次呈现：“实际应用案例”部分描述不够具体。

3. 反馈修改：追加指令。

“请在‘实际应用案例’部分增加具体客户使用案例和反馈数据，并在‘未来趋势预测’部分详细描述市场预测。”

4. 多轮反馈：要求报告整体风格更具前瞻性。

5. 最终输出：生成详尽、前瞻性强、数据支持充分的5G应用推广报告。

» 指令优化建议：

1. “应用案例必须具体详细”。

2.“客户反馈量化描述”。

3.“市场预测详细且具有前瞻性”。

4.“数据支持必须充足”。

5.“结构应逻辑严谨”。

6.“语言表达专业而简明”。

7.“建议使用‘5G革命’‘技术领先’等关键词”。

8.“加入动态市场分析”。

9.“强调具体用户体验”。

10.“建议引用行业权威数据”。

11.“格式图文并茂”。

12.“优化词中加入‘创新’‘前沿’”。

13.“表达要清晰、规范”。

14.“建议增加实际应用细节”。

15.“强调市场拓展策略”。

16.“注重竞争对比分析”。

17.“建议使用趋势预测模型”。

18.“文字要逻辑清晰”。

19.“提示词中加入‘前瞻性’‘技术突破’”。

20.“强调战略性规划”。

案例26：公共事业——城市供水年度报告生成

» 情景描述：

某城市供水公司需要撰写年度报告，评估供水稳定性和安全状况，以指导未来设施升级与维护计划。

» 详细步骤：

1．初始生成：输入指令。

“请生成一份《城市供水年度报告》草稿，要求包括供水现状、供水安全、存在问题、改进措施和未来规划，语言客观，数据翔实。”

2. 首次呈现：“供水安全”部分缺乏具体数据支持。

3. 反馈修改：追加指令。

“请在‘供水安全’部分增加事故统计数据和安全隐患分析，并在‘改进措施’中明确责任部门和技术升级方案。”

4. 多轮反馈：要求在‘未来规划’部分增加技术升级目标。

5. 最终输出：生成结构清晰、数据充分的城市供水年度报告。

» 指令优化建议：

1. “供水现状描述翔实”。
2. “安全数据量化准确”。
3. “事故统计具体详尽”。
4. “改进措施操作性强”。
5. “责任分工明确细致”。
6. “技术升级方案具备前瞻性”。
7. “建议使用数据图表直观展示”。
8. “表达需客观严谨”。
9. “加入安全监控机制”。
10. “强调持续改进目标”。
11. “使用‘标准化检测’等表述”。
12. “建议引用第三方报告”。
13. “文字表达简洁明了”。
14. “加入长期规划指标”。
15. “数据支持必须充分”。
16. “格式要求统一规范”。

17. “建议使用风险预警体系”。

18. “优化词中加入‘综合分析’”。

19. “强调改进目标明确”。

20. “使用‘标准’‘科学’‘系统’等词汇”。

案例27：政府采购——采购项目请示生成

» 情景描述：

某政府部门拟采购高效设备，为确保流程规范、预算合理，需撰写采购项目请示，详细阐述采购需求与预期效益。

» 详细步骤：

1. 初始生成：输入指令。

“请生成一份《采购项目请示》草稿，要求包括采购需求、设备参数、预算方案和预期效益，语言正式，数据翔实。”

2. 首次呈现：“采购需求”部分描述不够明确。

3. 反馈修改：追加指令。

“请在‘采购需求’部分增加详细说明，包括使用场景和技术要求，并在‘预算方案’中列出具体数字和费用明细。”

4. 多轮反馈：要求在“预期效益”部分加入对比数据和成功案例。

5. 最终输出：生成内容清晰、数据充分、逻辑严谨的采购项目请示文稿。

» 指令优化建议：

1. “采购需求详细明确”。

2. “使用场景具体描述”。

3. “技术要求专业准确”。

4. “预算方案量化细化”。

5. “数据引用必须精确”。

6.“格式标准规范”。

7.“建议使用费用分解说明”。

8.“加入‘预期效益量化’等表述”。

9.“强调风险预警机制”。

10.“表达要条理分明”。

11.“使用‘责任明确’等表述”。

12.“增加历史数据对比”。

13.“引用成功案例”。

14.“建议使用‘预算透明’等表述”。

15.“文字表达简洁有力”。

16.“强调采购流程标准化”。

17.“使用‘成本控制’等表述”。

18.“加入实施细节”。

19.“建议明确审批流程”。

20.“优化词中加入‘具体数字’‘明确要求’‘详细分解’”。

案例28：科技研发——项目立项申请生成

» 情景描述：

某科技研发机构计划申报一项新型企业管理系统项目，需撰写项目立项申请报告，争取研发资金支持。

» 详细步骤：

1．初始生成：输入指令。

“请生成一份《科技项目立项申请报告》草稿，要求包括项目背景、研究目标、技术路线、预算计划及预期成果，语言简洁明了，数据翔实。”

2．首次呈现：“技术路线”部分描述过于粗略。

3. 反馈修改：追加指令。

“请在‘技术路线’部分增加具体实验方法、关键技术指标和预期突破点，并在‘预算计划’中详细列出各项费用。”

4. 多轮反馈：要求在“预期成果“中增加量化指标。

5. 最终输出：生成结构完整、内容翔实、可操作性强的立项申请报告。

» 指令优化建议：

1. “技术路线需详细具体”。
2. “实验方法清晰明了”。
3. “关键技术指标量化描述”。
4. “预算计划数据翔实”。
5. “项目背景全面描述”。
6. “研究目标明确具体”。
7. “方案结构层次分明”。
8. “建议加入风险评估说明”。
9. “加入阶段目标设定”。
10. “强调研发投入合理”。
11. “数据引用必须准确”。
12. “加入标准化说明”。
13. “强调创新性和可行性”。
14. “建议使用详细分点列举”。
15. “表达要专业严谨”。
16. “优化词中加入‘实验设计’‘技术突破’”。
17. “建议增加市场前景预测”。
18. “结构上建议附录详细说明”。
19. “加入综合评估指标”。
20. “强调实用性、完整性”。

案例29：供应链管理——物流成本分析报告撰写

» 情景描述：

某供应链管理公司为降低整体运输成本，需要撰写一份物流成本分析报告，全面解析各项成本构成和优化方案。

» 详细步骤：

1. 初始生成：输入指令。

“请生成一份《物流成本分析报告》草稿，要求包括成本构成、数据分析、存在问题及优化建议，语言规范，数据翔实。”

2. 首次呈现：“成本构成”部分描述不够详细。

3. 反馈修改：追加指令。

“请在‘成本构成’部分分项详细描述各项成本，并生成图表展示各项占比，同时在‘优化建议’中提出降低成本的具体措施。”

4. 多轮反馈：要求“数据分析”部分增加历史对比数据。

5. 最终输出：生成结构清晰、数据充分、优化措施具体的物流成本分析报告。

» 指令优化建议：

1. “成本构成细分明确”。
2. “图表展示直观清晰”。
3. “数据分析对比详细”。
4. “优化措施具体实用”。
5. “责任分工清晰明确”。
6. “建议加入成本控制指标”。
7. “格式要求标准统一”。
8. “文字表达简洁有力”。
9. “加入历史数据对比”。

10. “强调整体持续改进机制”。
11. “使用定量分析方法”。
12. “建议加入资源整合方案”。
13. “逻辑结构严谨有序”。
14. “优化词中加入‘经济实用’”。
15. “数据引用准确无误”。
16. “建议使用费用分解图表”。
17. “强调‘效益提升’的目标”。
18. “表述条理分明”。
19. “建议增加实际案例说明”。
20. “使用‘降本增效’‘数据驱动’等关键词”。

案例30：健康保健——企业健康管理方案生成

» 情景描述：

某大型企业为改善员工健康、降低医疗费用，需制订一份详细的企业健康管理方案，涵盖健康现状、改进措施和预期效果。

» 详细步骤：

1. 初始生成：输入指令。

“请生成一份《企业健康管理方案》草稿，要求包括健康现状、存在问题、改进措施和预期效果，语言正式，数据翔实。”

2. 首次呈现：“改进措施”部分描述较为笼统。
3. 反馈修改：追加指令。

“请在‘改进措施’中具体列出健康改善计划、员工培训方案和监控指标，并在‘预期效果’中量化健康数据提升幅度。”

4. 多轮反馈：要求整体逻辑更严密，细节更加充实。
5. 最终输出：生成一份结构合理、措施具体、数据明确的企业健康管理方案。

» 指令优化建议：

1. “健康现状数据翔实”。
2. “改进措施具体可操作”。
3. “培训方案细化明确”。
4. “监控指标量化描述”。
5. “预期效果数据支持充分”。
6. “建议加入定期健康评估”。
7. “方案结构条理分明”。
8. “使用‘数据驱动决策’等表述”。
9. “加入‘提升健康指标’等表述”。
10. “表达应专业且亲和”。
11. “优化词中加入‘持续改进’”。
12. “建议使用‘员工健康促进’等表述”。
13. “数据引用确保准确”。
14. “方案要系统全面”。
15. “强调长期规划”。
16. “建议增加效果反馈机制”。
17. “文字表达简洁有力”。
18. “加入实践案例”。
19. “加入健康管理标准”。
20. “强调数据明确、前瞻、专业”。